层次递进学力学

奚立平　著

黄河水利出版社
·郑州·

内 容 提 要

本书是一本学习工程力学的辅导性参考书,共分四章:绪论、外力、内力、应力。后三章均由四部分内容组成:学习要点及学习指导、第一层次习题精选及分析解答、第二层次习题精选及分析解答、第三层次习题精选及分析解答。

本书可作为高职高专院校水利、土木等工程类专业的学生学习工程力学的辅导书,也可作为工程力学教师、有关工程技术人员、自学者的参考资料。

图书在版编目(CIP)数据

层次递进学力学/奚立平著. —郑州:黄河水利出版社,2017.5

ISBN 978 - 7 - 5509 - 1757 - 6

Ⅰ.①层… Ⅱ.①奚… Ⅲ.①工程力学 Ⅳ.①TB12

中国版本图书馆 CIP 数据核字(2017)第 113262 号

组稿编辑:王路平　电话:0371 - 66022212　E - mail:hhslwlp@163.com

出 版 社:黄河水利出版社　　　　　　　　网址:www.yrcp.com

　　　　　地址:河南省郑州市顺河路黄委会综合楼14层　邮政编码:450003

发行单位:黄河水利出版社

　　　　　发行部电话:0371 - 66026940、66020550、66028024、66022620(传真)

　　　　　E-mail:hhslcbs@126.com

承印单位:河南新华印刷集团有限公司

开本:890 mm × 1 240 mm　1/32

印张:5.5

字数:160 千字　　　　　　　　　　　　印数:1—1 000

版次:2017 年 5 月第 1 版　　　　　　　　印次:2017 年 5 月第 1 次印刷

定价:16.00 元

前　言

　　作者在长期的教学过程中认识到,传统的工程力学课程教学模式不符合高职学生的认知特点,因而尝试着进行探索和研究,提出"层次递进,步骤导引,情境激发"的工程力学课程教学模式,本书就是以此模式为指导思想撰写的一本参考书,以期能帮助读者快速、轻松掌握工程力学的基本内容和计算方法,同时也希望抛砖引玉,与同行商榷。

　　本书将工程力学课程的教学内容整合成三个模块,第一个模块是外力,第二个模块是内力,第三个模块是应力,每个模块由学习要点及学习指导、第一层次习题精选及分析解答、第二层次习题精选及分析解答、第三层次习题精选及分析解答四部分组成。

　　本书的特点是:

　　(1)全书主线是"外力→内力→应力",即按照由宏观到微观、由表及里的层次递进,最终指向明确具体的目标:承载能力(强度、刚度和稳定性)计算。每一个模块内,也是根据层次递进的要求,沿主线指向目标。

　　(2)每个模块在练习的安排上,按照由易到难、由简单到复杂的原则,分为三个层次,第一层次的难易程度为容易,主要针对基本知识进行巩固训练,第二层次的难易程度为中等,主要针对应用能力进行训练,第三层次的难易程度为较难,主要针对综合应用能力进行训练。每道习题都作了详细、有条理的分析解答,以便于学生学习。

　　(3)将抽象理论通过归纳、总结、提炼后编成口诀转变为符合学生认知特点,具体的、可操作的步骤来引导学生学习。

　　在本书撰写过程中,得到了安徽水利水电职业技术学院资源与环境工程系的领导和同仁们的大力支持和帮助,在此表示衷心的感谢!

由于作者水平有限,不足之处在所难免,恳请读者批评指正。

奚立平

2017 年 1 月于合肥

目　录

表 目

第一章 绪 论

第一节 工程力学"层次递进,步骤导引, 情境激发"课程教学模式内涵

工程力学主要包括理论力学和材料力学,是水利、土木等工程专业的专业基础课,先导课是高等数学,后续课是专业课,起着承前启后的重要作用,其教学效果的好坏直接关系着学生专业课的学习及专业能力的培养。因此,如何根据高职学生的认知特点,探索与之相适应的工程力学课程教学模式,以提升教学效果,是一项非常值得研究的课题。

一、高职学生的认知特点

高职学生的年龄大多在 18 岁以上,心理发展处于成年初期,情感和人格的发展趋于成熟,人生观和价值观趋于稳定,思维逐渐趋于理性、辩证和实用,在人际关系处理上更加成熟自信,情商较高,具有较广泛的知识和经验背景,认知方面的主要特点表现在以下两个方面。

(1)能自觉进行自我认知结构的构建与更新,但自我认知活动的监控和调节能力较差。虽然能基于自己的知识和经验背景自觉进行自我认知结构的构建与更新,但自我认知活动的监控和调节能力较差,不能主动依据学习材料提出相应的学习要求,对学习材料所要达到的目的和应用不愿或不能主动做深入的思考,信息迁移不活跃,对学习中存在的问题缺乏反思及补救意识,对学习方法及适应性缺少反省,因而老问题没解决,新问题又不断出现。若是按照由表及里、由易到难分层递进安排教学内容,并使之始终沿一条主线指向明确具体的目标,则能使学生在认知过程中找到方向感,觉得学习的内容有应用价值,则学生学习的积极性和主动性就会增强,进而循序渐进学习和掌握相应的教学内容。

（2）认知主体性意识逐渐增强，但抽象思维能力较弱。虽然认知主体性意识逐渐增强，对于自己感兴趣的事物能主动探索，但抽象思维能力较弱，认知对象偏向于外显的、可操作的事物。若是按照变复杂为简单、变抽象为形象、变笼统为具体（可操作）的原则安排教学内容，并创设良好的教学情境，就能激发学生认知兴趣，从而主动建构螺旋式上升的知识体系。

二、工程力学课程教学存在的问题

目前，工程力学课程教学主要存在的问题如下：

（1）教学内容繁杂凌乱，没有逐层递进，缺乏清晰的主线，目标性较差，与高职学生对自我认知活动的监控和调节能力较差的现实不匹配。工程力学教学内容章节较多，一般包括刚体静力学基础、平面力系的合成与平衡、空间力系、轴向拉（压）、剪切（连接件）、截面的几何性质、扭转、弯曲内力、弯曲的强度和刚度、应力状态和强度理论、组合变形和压杆稳定等10余章。理论力学部分将平面力系和空间力系截然分开，力对点之矩与力对轴之矩、力对平面直角坐标轴的投影与力对空间直角坐标轴的投影分两章教学，涉及材料力学的部分将应力的概念和应力状态分两章教学，将四种基本变形和组合变形分别各按一章教学，且都采用"平面假设→几何关系→物理关系→静力学关系→应力计算公式"这一相同的推导过程重复表述，而强度理论又单独作为一章内容独立于四种基本变形和组合变形的强度计算之外，这样导致每章都有一个主题，知识点多且凌乱，前后内容重复，在难易程度上没有逐次递进，缺乏清晰的主线来指向明确具体的目标，而高职学生对自我认知活动的监控和调节能力较差，深入思考不够，学生感觉只学了一些杂乱的知识点，找不到方向感和目标，不清楚学了这门课到底能干什么，学归学，不会用，在后续课程的学习中不能进行有效的信息迁移，更别说内化成专业素养。

（2）教学内容理论性强，与高职学生抽象思维能力较弱的现实不匹配。高职工程力学教学内容大都是在本科力学教学内容的基础上进行了微调和删减，注重理论计算，对于数学基础要求较高，内容烦琐抽象，学起来枯燥乏味，没有考虑高职学生抽象思维能力较弱的认知特点,学生普遍感到难学,虽然有基于现有的知识和经验背景主动建构认知体系的意愿,但找不到合适的方法,进而畏学,学习积极性和主动性不足,被动应付学习内容,导致学习效果大打折扣。

三、"层次递进,步骤导引,情境激发"课程教学模式内涵

基于高职学生的认知特点和工程力学教学存在的问题,作者尝试着进行探索和研究,提出"层次递进,步骤导引,情境激发"的工程力学课程教学模式。"层次递进"即整合工程力学教学内容,依据清晰的主线,逐层递进,指向明确具体的目标,相应的练习也按照由易到难的层次逐步递进;"步骤导引"即将教学内容变烦琐抽象的理论为口诀式的、有可操作感的具体步骤来引导学生学习;"情境激发"即教学组织上创设符合高职学生认知特点的教学情境,激发学习兴趣。作者多年的教学经验表明,采用此教学模式,使工程力学的教学生动、形象、具体,符合高职学生的认知特点,有效提升工程力学的教学质量。

第二节　工程力学"层次递进,步骤导引,情境激发"课程教学模式应用

一、"层次递进"安排教学内容

将工程力学的教学内容整合成三个模块:第一个模块是外力,是由刚体静力学基础、平面力系的合成与平衡、空间力系等内容整合而成的;第二个模块是内力,是由轴向拉(压)、剪切(连接件)、扭转、弯曲的内力等内容整合而成的;第三个模块是应力,是由轴向拉(压)、剪切(连接件)、扭转、弯曲的强度和刚度计算以及应力状态和强度理论、组合变形、压杆稳定等内容整合而成的。总体而言,其主线是"外力→内力→应力",即按照由宏观到微观、由表及里的层次递进,最终指向明确具体的目标:承载能力(强度、刚度和稳定性)计算。每一个模块内,也是根据层次递进的要求,沿主线指向目标。如图1-1所示。

第一个模块外力,按照"荷载→受力图→力系的合成与平衡"主

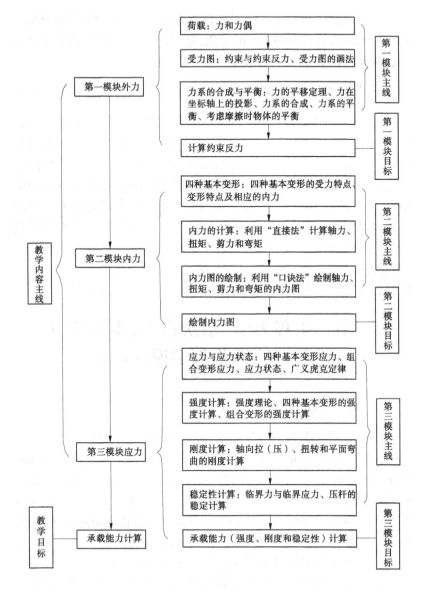

图 1-1

线,指向目标:计算约束反力。"荷载"包括力和力偶两个静力学基本要素,其中力主要包括力的概念、静力学公理(力的性质)、力对点之矩、力对轴之矩,力偶主要包括力偶的概念、力偶矩、力偶的性质。"受力图"包括约束与约束反力、受力图的画法。"力系的合成与平衡"包括力的平移定理、力在坐标轴上的投影、力系的合成、力系的平衡、考虑摩擦时物体的平衡。这样,不将平面力系和空间力系截然分开,力对点之矩与力对轴之矩、力对平面直角坐标轴的投影与力对空间直角坐标轴的投影也融合在一起,减少繁乱的知识点,概念上不产生混乱,条理清晰,便于理解和学习。

第二个模块内力,按照"四种基本变形→内力的计算→内力图的绘制"主线,指向目标:绘制内力图。"四种基本变形"包括四种基本变形的受力特点、变形特点及相应的内力。"内力的计算"主要是利用"直接法"计算轴力、扭矩、剪力和弯矩。"内力图的绘制"主要是利用"口诀法"绘制轴力、扭矩、剪力和弯矩的内力图。这样,将四种基本变形特点,轴力、扭矩、剪力和弯矩的计算,轴力、扭矩、剪力和弯矩图的绘制等类似的知识点放在一起教学,便于相互比较学习,计算及绘图也方便快捷,便于记忆和掌握。

第三个模块应力,按照"应力与应力状态→强度计算→刚度计算→稳定性计算"主线,指向目标:承载能力(强度、刚度和稳定性)计算。"应力与应力状态"包括四种基本变形的应力、组合变形的应力、应力状态、广义虎克定律。"强度计算"包括强度理论、四种基本变形的强度计算、组合变形的强度计算。"刚度计算"包括轴向拉(压)、扭转和平面弯曲的刚度计算。"稳定性计算"包括临界力与临界应力、压杆的稳定计算。这样,将应力的概念和应力状态、基本变形和组合变形、强度理论和强度计算融合在一起,每种应力计算公式采用"平面假设→几何关系→物理关系→静力学关系→应力计算公式"的推导过程只在开始简要地表述一次,不但大大减少前后类似内容的重复,做到知识点多而不凌乱,避免出现认识上的混乱,而且主线和目标明确清晰,便于掌握和应用。

每个模块在练习的安排上,按照由易到难、由简单到复杂的原则,分为三个层次,第一层次的难易程度为容易,是在基本知识进行巩固训练;第二层次的难易程度为中等,是在基本知识掌握较好的情况下,针对应用能力进行训练;第三层次的难易程度为较难,主要针对综合应用能力进行训练。对于大部分学生可做第一层次和第二层次的习题,对于学习能力较强的学生或参加力学竞赛的学生可做第三层次的习题。

二、"步骤导引"学习力学计算

高职学生的抽象思维能力较弱,跟不上工程力学教学内容中烦琐抽象理论的学习,可将抽象复杂的理论转变为符合学生认知特点,口诀式的、具体的、有可操作感的步骤来导引学习。

第一模块外力,其目标就是通过平衡方程求解约束反力,这一部分所涉及的理论都是为列平衡方程服务的,可将其精简为"取、绘、列、解"四个步骤:"取"就是将研究对象的约束解除取为分离体;"绘"就是在分离体上标上所有主动力和约束反力绘其受力图;"列"就是列分离体的平衡方程;"解"就是解平衡方程求约束反力。

第二个模块内力,其内力计算采用"直接法",任意截面的轴力、扭矩、剪力和弯矩的计算,都可归纳为"切、找、辨、和"四个步骤:"切"就是将待求内力的计算截面切开;"找"就是在切开的截面一侧寻找符合要求的所有外力;"辨"就是辨别已找到的外力的正负号;"和"就是将上述外力相加求代数和。内力图的绘制中以剪力图和弯矩图最难,学生学起来费劲,存在畏学情绪,可将剪力图和弯矩图的画法,编成口诀,依据口诀来画图。梁的剪力图可根据其上作用的荷载来绘制,编制口诀为"无荷载平杆走,遇力偶不用瞅,集中力直角拐,均布力锐角拐,拐方向力方向,拐多少力大小"。即从左至右绘梁的剪力图,正的剪力绘在上方,负的剪力绘在下方,具体绘制过程依据杆段荷载的类型及大小来进行。梁的弯矩图可根据其剪力图来绘制,编制口诀为"Q 无 M 平,Q 平 M 斜,Q 斜 M 曲,Q 正 M 增,Q 负 M 减,增减多少,面积大小,力偶别右,顺多逆少"。即从左至右绘梁的弯矩图,正的弯矩绘在下方,负的弯矩绘在上方,具体绘制过程依据杆段剪力图的形状和面积来进行。

第三个模块应力,这部分公式较多,容易混淆,可进行归纳,找出其共同特征,便于学生理解,便于归类记忆和掌握。轴向拉(压)正应力、剪切(连接件)剪应力、扭转剪应力、弯曲剪应力和弯曲正应力计算公式分别为:$\sigma = \dfrac{N}{A}$、$\tau = \dfrac{Q}{A_Q}$、$\tau = \dfrac{M_x\rho}{I_\rho}$、$\tau = \dfrac{QS_z}{I_zb}$、$\sigma = \dfrac{M_zy}{I_z}$,均可表示为:应力 $= \dfrac{内力 \times 距离}{截面几何性质}$。轴向拉(压)应变、单位长度扭转角和弯曲的曲率计算公式分别为:$\varepsilon = \dfrac{N}{EA}$、$\theta = \dfrac{M_x}{GI_\rho}$、$\dfrac{1}{\rho} = \dfrac{M_z}{EI_z}$,均可表示为:变形(应变)$= \dfrac{内力}{刚度}$。强度校核一般可将其精简为"反、内、应、核"四个步骤:"反"就是计算支座反力;"内"就是计算危险截面的内力;"应"就是计算危险点的应力;"核"就是校核强度。

三、"情境激发"组织课堂教学

(1)创设贴近生活、贴近工程实际的教学情境。比如在学习力的转动效应(力对点之矩)的教学内容时,可以抛出"足球比赛时怎样踢出香蕉球?"的问题,引发讨论,加深学生对力对点之矩的理解;再比如在学习摩擦的教学内容时,可以提出"混凝土重力坝在水的推力作用下如何维持抗滑稳定?"的问题,请同学们讨论,提高学生对静滑动摩擦力的认识,并能轻松掌握考虑摩擦时物体平衡问题的求解。通过创设贴近生活、贴近工程实际的教学情境,使每个知识点都与具体的事物相结合,抽象的理论变得形象化、具体化,甚至可视化,符合高职学生的认知特点,学生容易理解,易于接受,学习起来有着力点,感到轻松愉快,能获得持久的记忆,很多知识点能内化为专业素养,对以后的学习、工作和生活都有益。

(2)创设认知冲突的教学情境。比如在学习压杆稳定的教学内容时,可以抛出"女生喜欢穿高跟鞋是为了获得不稳定平衡,你信吗?""脚手架的钢管在荷载作用下应力没达到强度许用应力,但横杆间距过大,也会垮塌,你信吗?"等问题,引发讨论。对于第一个问题,通常我们的认知是穿鞋总是希望走起路来稳定舒适,但高跟鞋的鞋跟是尖的,女生穿上高跟鞋处于不稳定平衡,走起路来就容易失稳,所以在走路的时候,必须通过摆胯来调整重心以便保持平衡,这样就显得婀娜多姿,平添许多魅力。对于第二个问题,学生在前面学习了强度计算,其认知是脚手架钢管在荷载作用下应力未达到强度许用应力是安全的,但事实上脚手架横杆间距过大,钢管容易失稳引起脚手架垮塌。这样,造成认知的冲突,导致学生认知结构由原有知识和经验背景下的平衡而产生失衡,进而激发兴趣积极主动建构和重组认知结构使之达到平衡,在此过程中获得螺旋式上升的处于新的平衡状态的认知结构。

　　本书就是以"层次递进,步骤导引,情境激发"的工程力学课程教学模式为指导思想撰写的一本参考书,希望能帮助读者快速、轻松掌握工程力学的基本内容和计算方法。

第二章 外 力

主线:荷载(力和力偶)→受力图(约束与约束反力、受力图的画法)→力系的合成与平衡(力的平移定理、力在坐标轴上的投影、力系的合成、力系的平衡、考虑摩擦时物体的平衡)。

目标:计算约束反力。

第一节 学习要点及学习指导

一、力

(一)力的概念

力是物体间相互的机械作用,这种作用使物体的机械运动状态发生改变,同时使物体发生变形。理解时要抓住三点:①产生力的根本原因是物体间相互的机械作用,力不可能脱离物体而单独存在;②力对物体产生运动和变形效应;③力对物体的作用效应完全取决于力的三要素:力的大小、力的方向和力的作用点。

(二)静力学公理(力的性质)

1.二力平衡公理

作用在同一刚体上的两个力,使刚体保持平衡的必要和充分条件是:这两个力的大小相等,方向相反,且作用在同一直线上,即等值、反向、共线。

仅在两个力作用下处于平衡的刚体称为二力体。若物体是杆件,则称为二力杆。二力体上的两个力的作用线必为这两个力作用点的连线。

2.加减平衡力系公理

在作用于刚体的任意力系上,加上或减去平衡力系,并不改变原力系对刚体的作用效应。

3.力的平行四边形法则

作用于物体上同一点的两个力,可以合成为作用于该点的一个合力。合力的大小和方向,由这两个力为邻边所构成的平行四边形的对角线表示。

如图 2-1 所示,力 F_1、F_2 夹角为 θ,则合力大小:$F_R = \sqrt{F_1^2 + F_2^2 + 2F_1F_2\cos\theta}$;合力方向:$\sin\alpha = \dfrac{F_2}{F_R}\sin\theta$;合力作用点:$F_1$ 和 F_2 交点。

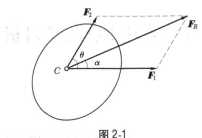

图 2-1

4.作用与反作用定律

两个物体相互作用的力总是同时存在,同时消失、等值、反向、共线,分别作用在这两个物体上。

根据上述静力学公理可以导出下面两个重要推论:

推论 1:力的可传性。

作用于刚体上某点的力,可以沿着它的作用线移到刚体内任意一点,并不改变该力对刚体的作用效应。

推论 2:三力平衡汇交定理。

刚体在三个力作用下处于平衡时,若其中两个力的作用线汇交于一点,则第三个力的作用线必通过该点,且三力共面。

(三)力对点之矩

力 F 对 O 点之矩,简称力矩,是指力 F 的大小与 O 点到力 F 作用线的垂直距离 d 的乘积,再冠以正负号来表示,即

$$m_O(F) = \pm Fd$$

说明：

(1) O 点称为力矩中心，简称矩心。

(2) $m_O(F)$：力 F 对 O 点的力矩，在平面问题中，力对点之矩取决于力矩的大小和转向，力矩是代数量，单位为 N·m 或 kN·m。

(3) F：力 F 的大小，单位为 N 或 kN。

(4) d：矩心到力的作用线的垂直距离，称为力臂，单位为 m。

(5) 正负号表示在力矩平面内力使物体绕矩心转动的方向。一般规定：力使物体绕矩心逆时针方向转动为正，反之为负。

(四) 力对轴之矩

力对轴之矩是力使物体绕轴转动效果的度量，其大小等于这个力在垂直于该轴平面上的投影对该轴与平面交点的矩。如图 2-2 所示，力 F 对 z 轴的矩为

$$m_z(F) = m_O(F') = \pm F'd$$

说明：

(1) $m_z(F)$：力 F 对 z 轴之矩，单位为 N·m 或 kN·m。

(2) F'：力 F 在垂直于 z 轴平面上投影 F' 的大小，单位为 N 或 kN；

(3) d：力臂，单位为 m。

(4) 正负号规定：从轴的正向看，逆时针转向的力矩取正号，顺时针转向取负号。

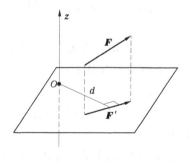

图 2-2

二、力偶

(一)力偶的概念

如图 2-3 所示,由两个等值、反向、不共线的(平行)力组成的力系称为力偶,记作$(\boldsymbol{F},\boldsymbol{F}')$。

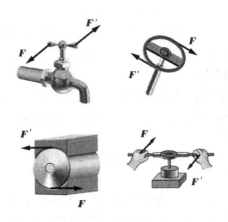

图 2-3

(二)力偶矩

力与力偶臂的乘积称为力偶矩,即

$$m(\boldsymbol{F},\boldsymbol{F}') = m = \pm Fd$$

说明:

(1)m:力偶矩,是代数量,单位为 N·m 或 kN·m;

(2)F:力 $\boldsymbol{F}$ 的大小,单位为 N 或 kN。

(3)d:力偶臂,单位为 m。

(4)正负号表示力偶的转向。一般规定:力偶使物体逆时针方向转动时为正,反之为负。

力偶矩的大小、力偶的转向、力偶的作用平面称为力偶三要素。

(三)力偶的性质

(1)力偶既没有合力(力偶在任何坐标轴上的投影恒为零),本身又不平衡,是一个基本力学量。力偶不能和一个单力等效,也不能与单力平衡,力偶只能由力偶来平衡。

（2）力偶对其作用面内任一点之矩恒等于力偶矩,与所选矩心的位置无关。

（3）同平面内的两个力偶,若力偶矩大小相等、转向相同,则两力偶等效。

由力偶的等效性质可以得到以下两个推论:

推论1:只要保持力偶矩的大小和转向不变,可将力偶在其作用面内任意转移,而不改变力偶对刚体的作用效应。

推论2:只要保持力偶矩的大小和转向不变,可同时改变力的大小和力偶臂的长度,而不改变力偶对刚体的作用效应。

三、约束、约束反力和受力图

（一）约束与约束反力

约束:对非自由体的位移起限制作用的物体。

约束反力:约束对非自由体的作用力。由主动力引起的,随主动力改变而改变,因此约束反力又称为被动力。

$$约束反力\begin{cases} 大小——待定（由静力平衡条件求得）\\ 方向——与该约束所能阻碍的位移方向相反\\ 作用点——约束与被约束物体接触处 \end{cases}$$

常见约束类型及特点见表2-1。

（二）受力图

1.画受力图的步骤

（1）取:明确研究对象,取分离体图。

（2）绘:绘出分离体所受的全部主动力及全部约束反力。

2.画受力图注意要点

（1）必须明确研究对象。

（2）正确确定研究对象受力个数。

（3）根据约束类型分析约束反力。

（4）在分析物体系受力时应注意:①当研究对象为整体或某几个物体的组合体时,研究对象内各物体间相互作用的内力不要画出;

②分析两物体间相互作用的力时,应遵循作用和反作用关系;③同一个力在不同的受力图上表示要完全一致;④画受力图时不要运用力的等效变换或力的可传性改变力的作用位置。

表2-1　常见约束类型及特点

约束名称	约束概念	约束特点	约束反力	结构简图
柔性约束	由不计自重的绳索、链条和胶带等柔性体构成的约束	只能限制被约束物体沿柔性体中心线离开柔性体的运动	作用在接触点,方向沿着柔性体中心线背离被约束物体,为拉力,又称张力,用 T 表示	
光滑面约束	由不计摩擦的光滑平面或曲面构成,并对物体运动限制时,称为光滑面约束	仅限制被约束物体沿接触面公法线并指向约束内部的运动	作用在接触点,方向沿着接触面公法线并指向被约束物体,为压力,用 N 表示	
光滑圆柱铰链约束	将两个钻有相同直径圆孔的构件,用销钉插入孔中连接,不计销钉与孔壁的摩擦,销钉对所连接的物体形成的约束	仅限制被约束物体在垂直于销钉轴线的平面内沿任意方向的相对位移	作用在垂直销钉轴线的平面内,并通过销钉中心,通常用通过铰链中心两个大小未知的正交分力 F_x、F_y 表示,作用点位置用下标注明	

续表 2-1

约束名称	约束概念	约束特点	约束反力	结构简图
固定铰支座约束	将构件用圆柱形光滑销钉和固定支座连接就构成固定铰支座	同光滑圆柱铰链约束	同光滑圆柱铰链约束	
可动铰支座约束	在固定铰支座底板与支承面之间安装若干辊轴，就构成可动铰支座，又称为辊轴支座	仅限定被约束物体沿支承面法线方向的运动	垂直支承面，且通过铰链中心，常用 F 表示，作用点位置用下标注明	
链杆约束	两端各以铰链与不同物体连接且中间不受力的杆件约束	仅限定被约束物体沿链杆轴线方向的运动	沿着链杆两端铰链中心线方向的压力或拉力，常用 F 表示，作用点位置用下标注明	
固定端支座约束	构件一端嵌入支承内，使构件固定，则该支承即为构件的固定端支座	限制被约束物体在连接处任何相对移动和转动	在平面问题中，可简化为一个水平反力 F_x，一个铅垂反力 F_y 和一个反力偶 m，作用点位置用下标注明	

四、平面力系的合成与平衡

(一)力的平移定理

力的平移定理是指作用于刚体上的力可以平移至刚体上任一点,但必须同时附加一个力偶,附加力偶的力偶矩等于原力对平移点的力矩。理解时注意:①力的平移定理表明,一个力可以分解为作用在同一平面内的一个力和一个力偶。反之,也可以将同一平面内的一个力和一个力偶矩合成为作用在另一点的一个力。②力的平移定理不仅是力系向一点简化的依据,而且可以用来分析工程中某些力学问题。③力的平移定理只适用于刚体,而不适用于变形体,并且力只能在同一刚体上平行移动。

(二)力在平面直角坐标轴上的投影

如图 2-4 所示,在平面直角坐标系 xOy 内,有一已知力 F,从力 F 的两端 A 和 B 分别向 x、y 轴作垂线,得到线段 ab 和 $a'b'$,其中 ab 冠以适当的正负号为力 F 在 x 轴上的投影,以 F_x 表示;$a'b'$ 冠以适当的正负号为力 F 在 y 轴上的投影,以 F_y 表示。则

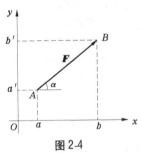

图 2-4

$$F_x = \pm ab = \pm F\cos\alpha$$
$$F_y = \pm a'b' = \pm F\sin\alpha$$

说明:

(1)α 为力 F 与 x 轴所夹的锐角。

(2)力的投影由始端到末端与坐标轴正向一致,其投影取正号;反之,取负号。

(3)力的投影为代数量,单位是 N 或 kN。

(三)力在空间直角坐标轴上的投影

(1)直接投影法:如图 2-5(a)所示。

$$F_x = \pm F\cos\alpha$$

$$F_y = \pm F\cos\beta$$
$$F_z = \pm F\cos\gamma$$

（2）二次投影法：如图2-5（b）所示。

$$F_x = \pm F_{xy}\cos\theta = \pm F\sin\gamma\cos\theta$$
$$F_y = \pm F_{xy}\sin\theta = \pm F\sin\gamma\sin\theta$$
$$F_z = \pm F\cos\gamma$$

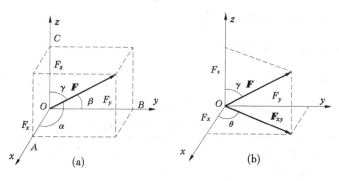

图2-5

（四）平面力系的合成

平面一般力系的合成如图2-6所示。

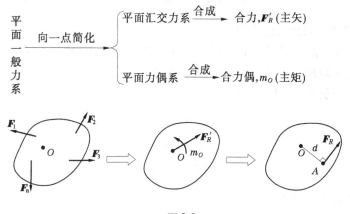

图2-6

主矢 $\boldsymbol{F}'_R$ 的大小：$F'_R = \sqrt{F'^2_{Rx} + F'^2_{Ry}} = \sqrt{\left(\sum_{i=1}^{n} F_{ix}\right)^2 + \left(\sum_{i=1}^{n} F_{iy}\right)^2}$。

主矢 $\boldsymbol{F}'_R$ 的方向：$\tan\alpha = \left|\dfrac{F'_{Ry}}{F'_{Rx}}\right| = \left|\dfrac{\sum\limits_{i=1}^{n} F_{iy}}{\sum\limits_{i=1}^{n} F_{ix}}\right|$，$\alpha$ 表示主矢 $\boldsymbol{F}'_R$ 与 x 轴

所夹的锐角，主矢的指向由 $\sum\limits_{i=1}^{n} F_{ix}$、$\sum\limits_{i=1}^{n} F_{iy}$ 的正负号决定。

主矢 $\boldsymbol{F}'_R$ 的作用线通过简化中心 O。

主矩：$m_O = m_O(\boldsymbol{F}_1) + m_O(\boldsymbol{F}_2) + \cdots + m_O(\boldsymbol{F}_n) = \sum\limits_{i=1}^{n} m_O(\boldsymbol{F}_i)$

平面一般力系简化的结果有四种情况，见表2-2。

表2-2　平面一般力系简化的结果

	主矢	主矩	最后结果	与简化中心的关系
1	$F'_R = 0$	$m_O \neq 0$	合力偶	与简化中心无关
2		$m_O = 0$	平衡	与简化中心无关
3	$F'_R = 0$	$m_O = 0$	合力	合力作用线通过简化中心
4		$m_O \neq 0$	合力	合力 $\boldsymbol{F}_R$ 作用线距简化中心的距离为 $d = |m_O|/F'_R$

（五）平面力系的平衡

平面一般力系平衡的必要和充分条件是：力系的主矢和力系对任一点的主矩都等于零。其平衡方程有三种形式。

1. 一般式（一力矩式）

$$\begin{cases} \sum F_x = 0 \\ \sum F_y = 0 \\ \sum m_O = 0 \end{cases}$$

两轴不平行即可，矩心任意。

2. 二力矩式

$$\begin{cases} \sum F_x = 0\,(\text{或} \sum F_y = 0) \\ \sum m_A = 0 \\ \sum m_B = 0 \end{cases}$$

附加条件:AB 连线不能垂直于投影轴。

3. 三力矩式

$$\begin{cases} \sum m_A = 0 \\ \sum m_B = 0 \\ \sum m_C = 0 \end{cases}$$

附加条件:A、B、C 三点不共线。

4. 计算步骤

具体在计算时,可按照"取、绘、列、解"四个步骤来解题,"取"就是将研究对象的约束解除取为分离体,"绘"就是在分离体上标上所有主动力和约束反力绘其受力图,"列"就是列分离体的平衡方程,"解"就是解平衡方程求约束反力。

(六)空间力系的平衡

空间力系处于平衡的必要与充分条件是:力系中各力在三个坐标轴上投影的代数和等于零,同时对每一个轴之矩的代数和也都等于零,如图 2-7 所示。

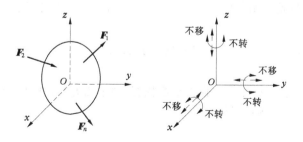

图 2-7

其平衡方程为

$$\sum F_{ix} = 0, \sum m_x(\boldsymbol{F}_i) = 0$$

$$\sum F_{iy} = 0, \sum m_y(\boldsymbol{F}_i) = 0$$

$$\sum F_{iz} = 0, \sum m_z(\boldsymbol{F}_i) = 0$$

(七)考虑摩擦时物体的平衡

1.静滑动摩擦力和静滑动摩擦定律

静滑动摩擦力:两物体接触表面有相对滑动趋势但仍保持相对静止时,沿接触点公切面彼此作用着阻碍相对滑动的力,简称静摩擦力,常用 $\boldsymbol{F}$ 表示。

静滑动摩擦力特征 $\begin{cases} \text{方向:与物体相对滑动趋势方向相反。} \\ \text{大小:随主动力而改变,即 } 0 \leqslant F \leqslant F_{max}\text{。} \end{cases}$

静滑动摩擦定律:临界状态下接触面间的最大静滑动摩擦力与法向反力的大小成正比,即 $F_{max} = f_s N$。

说明:

(1) F_{max}:最大静滑动摩擦力,单位为 N 或 kN。

(2) N:接触面间的法向反力,可由平衡条件确定,单位为 N 或 kN。

(3) f_s:静摩擦系数,它与两物体接触面间的材料,接触面的粗糙程度、温度和湿度等因素有关,其值由实验测定。

2.考虑摩擦时物体的平衡计算

考虑摩擦时物体的平衡问题与不考虑摩擦时相同,作用在物体上的力系应满足平衡条件,解题的分析方法和步骤也基本相同。但需注意:

(1)受力分析时必须考虑摩擦力,其方向与物体相对运动趋势方向相反。

(2)一般设物体处于临界平衡状态,列平衡方程,并补充物理方程 $F_{max} = f_s N$ 来求解问题。

第二节 第一层次习题精选及分析解答

一、习题精选

1. 如图 2-8 所示,计算分布荷载的合力,并在图中标出合力大小、方向、位置。

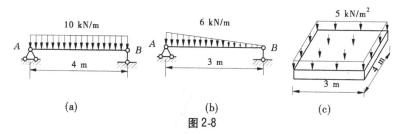

(a)   (b)   (c)

图 2-8

2. 如图 2-9 所示,绘受力图。

(1)如图 2-9(a)所示,绘制杆 AB 受力图。

(2)如图 2-9(b)所示,绘制圆 C 受力图。

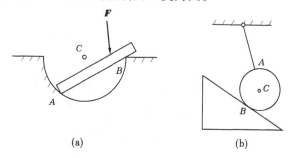

(a)   (b)

图 2-9

3. 如图 2-10 所示,画出杆 AB 的受力图。

4. 如图 2-11 所示,力 F 的作用线在平面 $OABC$ 内,对各坐标轴之矩哪些为零?

5. 如图 2-12 所示,铅直力 $F = 500$ N,作用于曲柄上。试求此力对轴 x、y、z 之矩。(本书图中未标注的长度单位均为 mm)

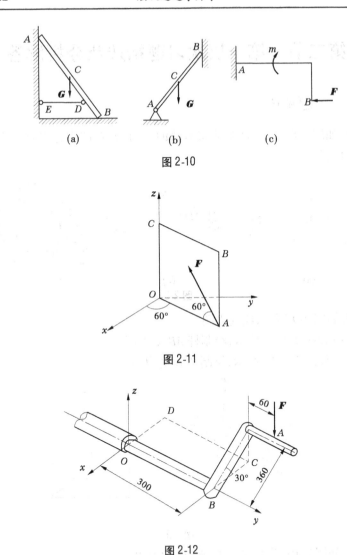

图 2-10

图 2-11

图 2-12

6. 计算如图 2-13 所示的力分别在 x、y、z 三轴上的投影。

7. 如图 2-14 所示,露天厂房立柱的底部是杯形基础,立柱底部用混凝土砂浆与杯形基础固连在一起。已知吊车梁传来的铅垂荷载为 $P = 60$ kN,风压集度 $q = 2$ kN/m,立柱自重 $G = 40$ kN,$a = 0.5$ m,$h = 10$

m,试求立柱底部的约束反力。

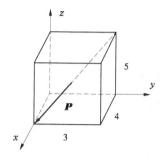

图 2-13

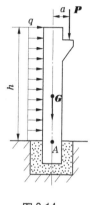

图 2-14

8. 如图 2-15 所示,试求梁的支座反力。已知 $F = 6$ kN, $M = 2$ kN·m, $a = 1$ m。

9. 如图 2-16 所示,汽车起重机车体重力 $G_1 = 26$ kN,吊臂重力 $G_2 = 4.5$ kN,起重机旋转和固定部分重力 $G_3 = 31$ kN。设吊臂在起重机对称面内,试求汽车的最大起重量 G。

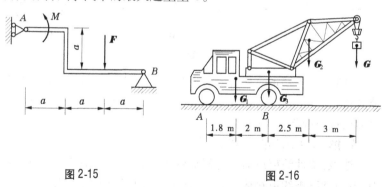

图 2-15

图 2-16

10. 某混凝土重力坝的断面如图 2-17 所示(坝长按 1 m 考虑)。自重为 26 000 kN,上游水压力为 10 500 kN,下游竖向水压力为 350 kN,下游水平向水压力为 500 kN,扬压力为 6 350 kN,若坝底与河床岩面的静摩擦系数$f_s = 0.6$,试校核此坝是否可能滑动。

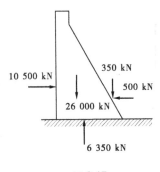

图 2-17

二、分析解答

1. **解**:合力的大小、方向、位置如图 2-18 所示。

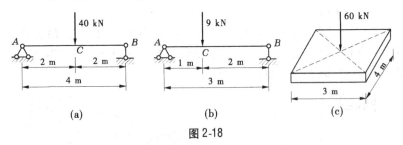

(a)　　　　　　　　(b)　　　　　　　　(c)

图 2-18

注意:①线分布荷载的合力大小等于荷载集度图的面积,合力通过荷载集度图的形心;②面分布荷载的合力大小等于荷载集度图的体积,合力通过荷载集度图的形心。

2. **解**:受力图如图 2-19 所示。

注意:柔性约束反力和光滑面约束反力的方向是已知的,前者是拉力,方向背离被约束物体,后者是压力,方向指向被约束物体。

3. **解**:受力图如图 2-20 所示。

4. **解**:力 F 与轴 z 共面,$M_z(F) = 0$。

5. **解**:根据力对轴之矩的定义,求出力 F 对 x、y、z 之矩:

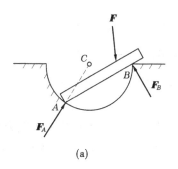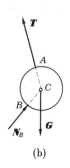

(a) (b)

图 2-19

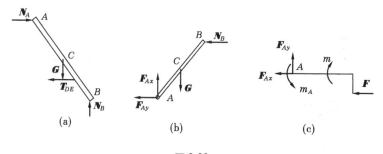

(a) (b) (c)

图 2-20

$$M_x(\boldsymbol{F}) = -F \times (300 + 60) \times 10^{-3} = -500 \times 0.36 = -180(\text{N} \cdot \text{m})$$

$$M_y(\boldsymbol{F}) = -F \times 360 \times 10^{-3} \times \cos 30^\circ = -500 \times 0.36 \times \frac{\sqrt{3}}{2} = -155.9(\text{N} \cdot \text{m})$$

$$M_z(\boldsymbol{F}) = 0$$

6. 解：$F_x = 2\sqrt{2}P/5 ; F_y = -3\sqrt{2}P/10 ; F_z = -\sqrt{2}P/2$

7. 解：(1)绘受力图如图 2-21 所示。

(2)列平衡方程求解支座反力。

$$\sum M_A = 0 \rightarrow m_A - 2 \times 10 \times 10/2 - 60 \times 0.5 = 0 \rightarrow m_A = 130 \text{ kN} \cdot \text{m}(\curvearrowleft)$$

$$\sum F_x = 0 \rightarrow F_{Ax} + 2 \times 10 = 0 \rightarrow F_{Ax} = -20 \text{ kN}(\leftarrow)$$

$$\sum F_y = 0 \rightarrow F_{Ay} - 40 - 60 = 0 \rightarrow F_{Ay} = 100 \text{ kN}(\uparrow)$$

8. 解：(1)取梁 AB 画受力图如图 2-22 所示。

（2）建直角坐标系，列平衡方程。

$$\sum F_x = 0, F_A - F_{Bx} = 0$$

$$\sum F_y = 0, F_{By} - F = 0$$

$$\sum M_B = 0, -F_A \times a + F \times a + M = 0$$

（3）求解未知量。

将已知条件 $F = 6\text{ kN}, M = 2\text{ kN} \cdot \text{m}, a = 1\text{ m}$ 代入平衡方程，解得：

$$F_A = 8\text{ kN}(\rightarrow); F_{Bx} = 8\text{ kN}(\leftarrow); F_{By} = 6\text{ kN}(\uparrow)$$

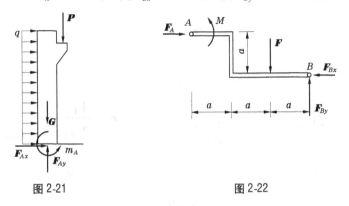

图 2-21　　　　　　　　　　　　图 2-22

9. 解:（1）取汽车起重机画受力图如图 2-23 所示。当汽车起吊最大重量 G_{max} 时，处于临界平衡，$N_A = 0$。

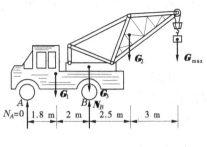

图 2-23

（2）建直角坐标系，列平衡方程。

$$\sum M_B = 0, -G_2 \times 2.5 - G_{max} \times 5.5 + G_1 \times 2 = 0$$

（3）求解未知量。

将已知条件 $G_1 = 26$ kN，$G_2 = 4.5$ kN 代入平衡方程，解得

$$G_{max} = 7.41 \text{ kN}$$

10.解：（1）绘受力图如图 2-24 所示，设坝体处于平衡状态，列平衡方程。

$$\begin{cases} \sum F_x = 10\ 500 - 500 - F = 0 \\ \sum F_y = 6\ 350 + N - 350 - 26\ 000 = 0 \end{cases} \rightarrow \begin{cases} F = 10\ 000 \text{ kN} \\ N = 20\ 000 \text{ kN} \end{cases}$$

（2）计算坝基岩面之间可能产生的最大静摩擦力。

$$F_{max} = f_s \cdot N = 0.6 \times 20\ 000 = 12\ 000 (\text{kN})$$

（3）判断是否可能滑动。

$F < F_{max}$，因此坝体不会滑动。

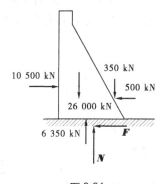

图 2-24

第三节　第二层次习题精选及分析解答

一、习题精选

1. 画出如图 2-25 所示的杆 BC、AD 的受力图。

2. 画出如图 2-26 所示的物体系中杆 AB、轮 C、整体的受力图。

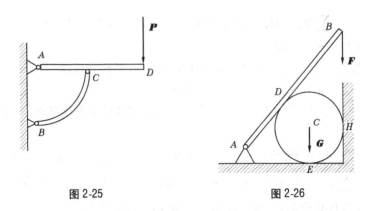

图 2-25　　　　　　　　　　　图 2-26

3. 一素重力式混凝土挡土墙,尺寸如图 2-27 所示。墙前后的土压力在基础底面处的数值为: $q_1 = 2.7$ kN/m^2, $q_2 = 17.3$ kN/m^2, $q_3 = 16$ kN/m^2。混凝土的容重 $\gamma_c = 22$ kN/m^3,试求作用在挡土墙上所有力(包括自重)的合力 F_R 及合力 F_R 作用线与墙底交点 A 点至挡土墙趾 O 点 OA 的距离。

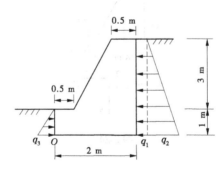

图 2-27

4. 如图 2-28 所示,翻罐笼由滚轮 A、B 支承,已知翻罐笼连同煤车共重 $G = 3$ kN, $\alpha = 30°$, $\beta = 45°$,求滚轮 A、B 所受到的压力 N_A、N_B。有人认为 $N_A = G\cos\alpha$, $N_B = G\cos\beta$,对不对? 为什么?

5. 如图 2-29 所示,简易起重机用钢丝绳吊起重力 $G = 2$ kN 的重物,不计杆件自重、摩擦及滑轮大小,A、B、C 三处简化为铰链连接,求杆 AB 和 AC 所受的力。

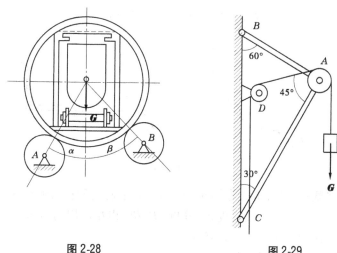

图 2-28

图 2-29

6. 汽车地坪如图 2-30 所示,BCE 为整体台面,杠杆 AOB 可绕 O 轴转动,B、C、D 三点均为光滑铰链连接,已知砝码重 G_1,AO 长为 l,OB 长为 a。不计其他构件自重,试求汽车自重 G_2。

7. 如图 2-31 所示,重 Q 的物块放在倾角 θ 大于摩擦角 φ_m 的斜面上,在物块上另加一水平力 P,已知:$Q = 500$ N,$P = 500$ N,$f = 0.4$,$\theta = 30°$。试求摩擦力的大小。

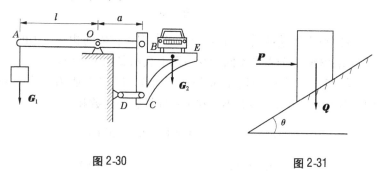

图 2-30

图 2-31

二、分析解答

1. 解:杆 BC、AD 的受力图如图 2-32 所示。

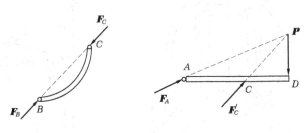

图 2-32

　　注意:①画杆 BC 受力图时应用二力平衡公理;②画杆 AD 受力图时应用三力平衡汇交定理;③分析 AD、BC 相互作用的力时,应遵循作用和反作用定律(力 F_C 和 F_C')。

　　2. 解:受力图如图 2-33 所示。

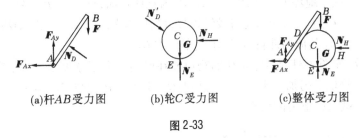

(a)杆 AB 受力图　　　(b)轮 C 受力图　　　(c)整体受力图

图 2-33

　　注意:①画整体受力图时,研究对象内各物体间相互作用的内力不要画出;②同一个力在不同的受力图上表示要完全一致。

　　3. 解:(1)取挡土墙 1 m 长进行计算,以挡土墙为考察对象,如图 2-34所示,计算受力大小及在 x、y 轴投影的代数和。

$$G_1 = \frac{1}{2} \times 1 \times 3 \times 1 \times 22 = 33(kN)$$

$$G_2 = 0.5 \times 3 \times 1 \times 22 = 33(kN)$$

$$G_3 = 1 \times 2 \times 1 \times 22 = 44(kN)$$

$$F_1 = 4 \times 2.7 \times 1 = 10.8(\text{kN})$$

$$F_2 = \frac{1}{2} \times 4 \times 17.3 \times 1 = 34.6(\text{kN})$$

$$F_3 = \frac{1}{2} \times 1 \times 16 \times 1 = 8(\text{kN})$$

$$\sum_{i=1}^{n} F_{ix} = F_3 - F_1 - F_2 = 8 - 10.8 - 34.6 = -37.4(\text{kN})$$

$$\sum_{i=1}^{n} F_{iy} = -G_1 - G_2 - G_3 = -33 - 33 - 44 = -110(\text{kN})$$

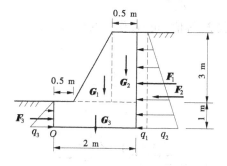

图 2-34

（2）向简化中心 O 点简化。

其主矢大小为

$$F'_R = \sqrt{\left(\sum_{i=1}^{n} F_{ix}\right)^2 + \left(\sum_{i=1}^{n} F_{iy}\right)^2} = \sqrt{(-37.4)^2 + (-110)^2} = 116.2(\text{kN})$$

其主矢方向为

$$\tan\alpha = \left|\frac{F'_{Ry}}{F'_{Rx}}\right| = \left|\frac{\sum\limits_{i=1}^{n} F_{iy}}{\sum\limits_{i=1}^{n} F_{ix}}\right| = \frac{110}{37.4} = 2.94, \alpha = 71°13', \text{其指向由} \sum_{i=1}^{n}$$

$F_{ix}, \sum\limits_{i=1}^{n} F_{iy}$ 的正负号判断为指向左下方。

其主矩为

$$m_O = \sum_{i=1}^{n} m_O(\boldsymbol{F}_i) = -G_1 \times \left(0.5 + 1 \times \frac{2}{3}\right) - G_2 \times \left(0.5 + 1 + \frac{0.5}{2}\right) - G_3 \times \frac{1}{2} \times 2 -$$

$$F_3 \times 1 \times \frac{1}{3} + F_1 \times 4 \times \frac{1}{2} + F_2 \times 4 \times \frac{1}{3} = -75.2(\text{kN} \cdot \text{m})$$

（3）计算作用在挡土墙上所有力（包括自重）的合力 $\boldsymbol{F}_R$ 及合力 $\boldsymbol{F}_R$ 作用线与墙底交点 A 点至挡土墙趾 O 点 OA 的距离。

$$OA = \frac{\left|\sum_{i=1}^{n} m_O(\boldsymbol{F}_i)\right|}{\left|\sum_{i=1}^{n} F_{iy}\right|} = \frac{|-75.2|}{|-110|} = 0.684(\text{m})$$

故合力 $\boldsymbol{F}_R$ 与主矢 $\boldsymbol{F}_R'$ 等值、同向，作用线经过 A 点且 $OA = 0.684$ m，如图 2-35 所示。

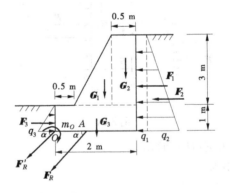

图 2-35

4. **解**：（1）画翻罐笼受力图如图 2-36 所示。

（2）建直角坐标系，列平衡方程。

$$\sum F_x = 0, N_A \sin\alpha - N_B \sin\beta = 0$$

$$\sum F_y = 0, N_A \cos\alpha + N_B \cos\beta - G = 0$$

（3）求解未知量与讨论。

将已知条件 $G = 3$ kN，$\alpha = 30°$，$\beta = 45°$ 分别代入平衡方程，解得：

$$N_A = 2.2 \text{ kN}, N_B = 1.55 \text{ kN}$$

因此,"有人认为 $N_A = G\cos\alpha$, $N_B = G\cos\beta$"是不正确的,只有在 $\alpha = \beta = 45°$的情况下才正确。

5.解:(1)画滑轮受力图如图 2-37 所示。AB、AC 杆均为二力杆。

(2)建直角坐标系,列平衡方程。

$$\sum F_x = 0, \ -F_{AB} - G\sin45° + G\cos60° = 0$$

$$\sum F_y = 0, \ -F_{AC} - G\sin60° - G\cos45° = 0$$

(3)求解未知量。

将已知条件 $G = 2$ kN 代入平衡方程,解得:

$$F_{AB} = -0.414 \text{ kN}(\text{压}) \qquad F_{AC} = -3.146 \text{ kN}(\text{压})$$

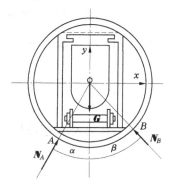
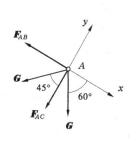

图 2-36　　　　　　　　　　　　　图 2-37

6.解:(1)分别取 BCE 和 AOB 画受力图如图 2-38 所示。

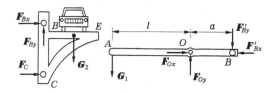

图 2-38

（2）建直角坐标系,列平衡方程。

对 BCE 列平衡方程　　　　$\sum F_y = 0, F_{By} - G_2 = 0$

对 AOB 列平衡方程　　　　$\sum M_O = 0, -F'_{By} \times a + G_1 \times l = 0$

（3）求解未知量。

将已知条件 $F_{By} = F'_{By}$ 代入平衡方程,解得

$$G_2 = lG_1/a$$

7. 解:（1）选物块为研究对象,假设物块所受的摩擦力 F 沿斜面向下,受力图如图 2-39 所示。

（2）选坐标 xoy,设物块处于静止状态,列平衡方程。

$$\sum F_x = 0 \Rightarrow P\cos 30° - F - Q\sin 30° = 0 \Rightarrow F = 183.013 \text{ N}$$

$$\sum F_y = 0 \Rightarrow N - P\sin 30° - Q\cos 30° = 0 \Rightarrow N = 683.013 \text{ N}$$

（3）计算最大静滑动摩擦力。

$$F_{\max} = fN = 0.4 \times 683.013 = 273.205(\text{N})$$

（4）分析并求出摩擦力。

由于 $F < F_{\max}$,物块处于静止平衡,此时摩擦力大小为 183.013 N,方向如图 2-39 所示。

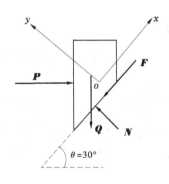

图 2-39

第四节　第三层次习题精选及分析解答

一、习题精选

1. 绘图 2-40 所示的 CD 杆、AC 杆和整体受力图。

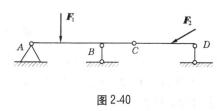

图 2-40

2. 绘图 2-41 所示的 AB 杆、CD 杆和整体受力图。

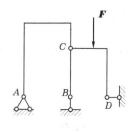

图 2-41

3. 如图 2-42 所示,圆柱 A 重力为 G,在中心上系有两绳 AB 和 AC,绳子分别绕过光滑的滑轮 B 和 C,并分别悬挂重力为 G_1 和 G_2的物体,设 $G_2 > G_1$。试求平衡时的 α 角和水平面 D 对圆柱的约束力。

4. 如图 2-43 所示,已知:重量为 $P_1 = 20$ N,$P_2 = 10$ N 的 A、B 两小轮,长 $L = 40$ cm 的无重刚杆相铰接,且可在 $\beta = 45°$ 的光滑斜面上滚动。试求平衡时的距离 x 值。

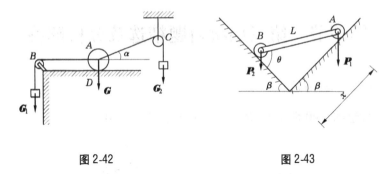

图 2-42   图 2-43

5. 如图 2-44 所示,梁 AB、BC 及曲杆 CD 自重不计,B、C、D 处为光滑铰链,已知:$P = 20$ N,$m = 10$ N·m,$q = 10$ N/m,$a = 0.5$ m,求铰支座 D 及固定端 A 处的约束反力。

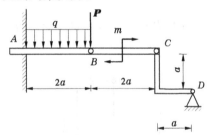

图 2-44

6. 三铰拱在顶部受由荷载集度为 q 的均布荷载作用,各部尺寸如图 2-45 所示。试求支座 A、B 及铰 C 处的约束反力。

7. 在如图 2-46 所示的物块中,已知:Q、θ,接触面间的摩擦角 φ_m。试问:

(1)β 等于多大时拉动物块最省力。

(2)此时所需拉力 P 为多大。

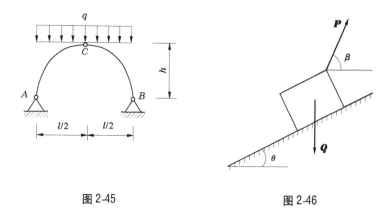

图 2-45   图 2-46

二、分析解答

1. 解：（1）CD 杆受力图如图 2-47 所示。

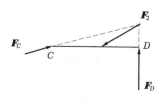

图 2-47

（2）AC 杆受力图如图 2-48 所示。

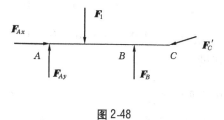

图 2-48

（3）整体受力图如图 2-49 所示。

2. 解：受力图如图 2-50 所示。

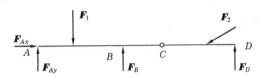

图 2-49

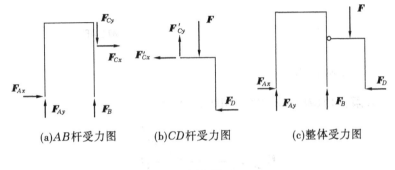

(a)AB杆受力图   (b)CD杆受力图   (c)整体受力图

图 2-50

3. 解:(1)画圆柱 A 受力图如图 2-51 所示。AB、AC 绳子拉力大小分别等于 G_1、G_2。

(2)建立直角坐标系,设圆柱 A 处于平衡状态,列平衡方程。

$$\sum F_x = 0, \ -G_1 + G_2\cos\alpha = 0$$

$$\sum F_y = 0, \ N + G_2\sin\alpha - G = 0$$

(3)求解未知量。

$$\alpha = \arccos\frac{G_1}{G_2} \qquad N = G - \sqrt{G_2^2 - G_1^2}$$

4. 解:(1)绘 AB 杆及轮整体受力图如图 2-52 所示。

(2)列平衡方程。

$$\sum m_C = 0 \Rightarrow P_2 x\cos 45° - P_1\cos 45° \sqrt{L^2 - x^2} = 0$$

解得 $\qquad\qquad\qquad x = 35.78 \text{ cm}$

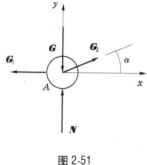

图 2-51

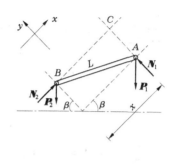

图 2-52

5. 解:(1)绘 AB、BC、CD 受力图如图 2-53 所示。

(2)对 BC(不包含 B 销钉)列平衡方程求解铰支座 D 的反力。

$$\sum m_B = 0 \Rightarrow F'_C \sin45° \times 2a - m = 0 \Rightarrow F'_C = 14.1 \text{ N}$$

$$\sum F_x = 0 \Rightarrow F_{Bx} - F'_C \cos45° = 0 \Rightarrow F_{Bx} = 10 \text{ N}(\rightarrow)$$

$$\sum F_y = 0 \Rightarrow F_{By} + F'_C \sin45° = 0 \Rightarrow F_{By} = -10 \text{ N}(\downarrow)$$

因此,铰支座 D 的反力 $F_D = 14.1 \text{ N}$,方向如图 2-53(c)所示。

(3)对 AB(不包含 B 销钉)列平衡方程求解固定端支座 A 的反力。

$$\sum F_x = 0 \Rightarrow F_{Ax} - F'_{Bx} = 0 \Rightarrow F_{Ax} = F'_{Bx} = F_{Bx} = 10 \text{ N}(\rightarrow)$$

$$\sum F_y = 0 \Rightarrow F_{Ay} - F'_{By} - q \times 2a - P = 0 \Rightarrow F_{Ay} = 20 \text{ N}(\uparrow)$$

$$\sum m_A = 0 \Rightarrow m_A - q \times 2a \times a - P \times 2a - F'_{By} \times 2a = 0 \Rightarrow m_A = 15 \text{ N} \cdot \text{m}(\curvearrowleft)$$

注意:对于多跨静定梁,应按照先附属、后基本的原则列平衡方程来求解。

6. 解:(1)以整体为研究对象,受力图如图 2-54(a)所示,列平衡方程。

$$\sum m_A = 0 \Rightarrow F_{By} \cdot l - q \cdot l \cdot \frac{l}{2} = 0 \Rightarrow F_{By} = \frac{ql}{2}(\uparrow)$$

$$\sum m_B = 0 \Rightarrow -F_{Ay} \cdot l + q \cdot l \cdot \frac{l}{2} = 0 \Rightarrow F_{Ay} = \frac{ql}{2}(\uparrow)$$

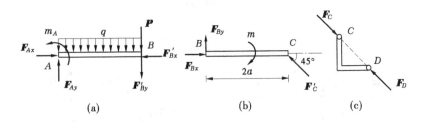

图 2-53

$$\sum F_x = 0 \Rightarrow F_{Ax} - F_{Bx} = 0 \Rightarrow F_{Ax} = F_{Bx}$$

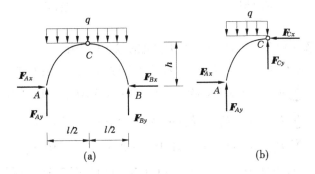

图 2-54

（2）以左半拱 AC 为研究对象，受力图如图 2-54（b）所示，列平衡方程。

$$\sum m_C = 0 \Rightarrow F_{Ax} \cdot h - F_{Ay} \cdot \frac{l}{2} + q \cdot \frac{l}{2} \cdot \frac{l}{4} = 0 \Rightarrow F_{Ax} = F_{Bx} = \frac{ql^2}{8h}(\rightarrow \leftarrow)$$

$$\sum F_x = 0 \Rightarrow F_{Ax} - F_{Cx} = 0 \Rightarrow F_{Cx} = F_{Ax} = \frac{ql^2}{8h}(\leftarrow)$$

$$\sum F_y = 0 \Rightarrow F_{Ay} + F_{Cy} - \frac{ql}{2} = 0 \Rightarrow F_{Cy} = 0$$

注意： 对于三铰拱、三铰刚架等问题，应按照先整体、后局部的原则列平衡方程来求解。

7. 解： 用几何法较为方便，受力如图 2-55 所示。

（1）拉力 P 垂直于全约束反力 R 时最省力，此时 $\beta = \theta + \varphi_m$。

（2）$\dfrac{P_{\min}}{\sin(\varphi_m + \theta)} = \dfrac{Q}{\sin 90°} \Rightarrow P_{\min} = Q\sin(\varphi_m + \theta)$

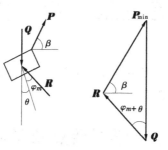

图 2-55

第三章　内　力

主线:四种基本变形→内力的计算→内力图的绘制。
目标:绘制内力图。

第一节　学习要点及学习指导

一、四种基本变形及其相应的内力

(一)内力的概念

内力是由外力而引起的受力构件内部质点之间相互作用力的改变量,是外力的力学响应。理解时要抓住三点:①内力随外力(变形)产生或消失;②随外力(变形)改变而改变,但有一定限度;③是截面上分布内力的合力。

(二)四种基本变形的受力、变形特点及内力

四种基本变形的受力、变形特点及内力见表3-1。

表3-1　四种基本变形的受力、变形特点及内力

基本变形	受力特点	变形特点	内力
轴向拉(压)	由作用线与杆轴重合的等值、反向外力引起的	杆轴沿外力方向伸长或缩短,主要变形是长度的改变	轴力(N)
剪切(连接件)	由垂直于杆轴方向的一对等值、方向反向、作用线相距极近的平行外力引起的	二力之间的横截面产生相对错动变形,主要变形是横截面沿外力作用方向发生相对错动	剪力(Q)

续表3-1

基本变形	受力特点	变形特点	内力
扭转(圆轴)	由垂直于杆轴线平面内的力偶作用引起的	相邻横截面绕杆轴产生相对旋转变形	扭矩(M_x)
平面弯曲	由垂直于杆件轴线的横向力或作用在杆件的纵向平面内的力偶引起的	杆轴由直变弯,杆件的轴线变成曲线	剪力(Q)
			弯矩(M)

二、内力的计算

内力可采用截面法或直接法计算,采用直接法计算时,任一截面的轴力、扭矩、剪力和弯矩的计算,都可归纳为"切、找、辨、和"四个步骤,"切"就是将待求内力的计算截面切开,"找"就是在切开的截面一侧寻找符合的所有外力,"辨"就是辨别已找到的外力的正负号,"和"就是将上述外力相加求代数和。直接法计算内力见表3-2。

表3-2 直接法计算内力

基本变形	内力	正负号规定	直接法计算内力的方法
轴向拉(压)	轴力(N)	拉为正、压为负	任一截面上轴力的大小等于截面一侧杆上所有轴向外力的代数和,其中离开截面的外力产生正轴力,指向截面的外力产生负轴力
扭转(圆轴)	扭矩(M_x)	按右手螺旋法则,以右手四指顺着扭矩的转向,若拇指指向与截面外法线方向一致,扭矩为正;反之为负	任一截面扭矩等于截面一侧轴上所有外力偶矩的代数和,并且根据右手螺旋法则,凡拇指离开截面的外力偶矩在截面产生正扭矩,反之产生负扭矩

续表 3-2

基本变形	内力	正负号规定	直接法计算内力的方法
平面弯曲	剪力(Q)	绕截面内一点顺时针转动的剪力为正;反之为负	梁任一截面上的剪力在数值上等于该截面一侧梁段上所有外力在截面上投影的代数和,且绕该截面形心产生顺时针转动趋势的外力,引起正剪力,反之引起负剪力
	弯矩(M)	使邻近梁段产生下凸上凹为正;反之为负	梁任一截面上的弯矩在数值上等于该截面一侧梁段上所有外力对截面形心之矩的代数和,且使梁段产生下凸上凹变形的外力,引起正弯矩,反之引起负弯矩

三、内力图的绘制

(一)内力图绘制要求

内力图绘制要求见表3-3。

表 3-3　　内力图绘制要求

基本变形	内力	内力图	内力图绘制要求
轴向拉(压)	轴力(N)	N 图	以平行于杆轴线的坐标表示横截面的位置,垂直于杆轴线的坐标(按适当的比例)表示相应截面上的轴力数值,从而绘出轴力与横截面位置关系的图线。通常将正的轴力画在上方,负的轴力画在下方,并标明截面位置及截面轴力大小、单位和正负号

续表 3-3

基本变形	内力	内力图	内力图绘制要求
扭转(圆轴)	扭矩(M_x)	M_x 图	以平行于杆轴线的坐标表示横截面的位置,垂直于杆轴线的坐标(按适当的比例)表示相应截面上的扭矩数值,从而绘出扭矩随横截面位置变化规律的图线。通常将正的扭矩画在上方,负的扭矩画在下方,并标明截面位置及截面扭矩值、单位和正负号
平面弯曲	剪力(Q)	Q 图	以平行于杆轴线的坐标表示横截面的位置,垂直于杆轴线的坐标(按适当的比例)表示相应截面上的剪力数值,从而绘出剪力随横截面位置变化规律的图线。通常将正的剪力画在上方,负的剪力画在下方,并标明截面位置及截面剪力值、单位和正负号
	弯矩(M)	M 图	以平行于杆轴线的坐标表示横截面的位置,垂直于杆轴线的坐标(按适当的比例)表示相应截面上的弯矩数值,从而绘出弯矩随横截面位置变化规律的图线。通常将正的弯矩画在下方,负的画在上方,并标明截面位置及截面弯矩值、单位,但不标正负号

(二)"口诀法"绘制剪力图和弯矩图

剪力图和弯矩图可通过列剪力方程和弯矩方程来绘图,即方程式法;也可以通过弯矩、剪力、荷载集度之间的微分关系来绘图,即简捷法;还可以利用叠加原理来绘图,即叠加法。而利用口诀来绘图即口诀法更加直观、快速、准确。"口诀法"基本原理及绘图方法如下。

分布荷载集度(设向上为正)和剪力、弯矩之间的微分关系为:

$$\frac{\mathrm{d}Q(x)}{\mathrm{d}x} = q(x) \tag{1}$$

$$\frac{\mathrm{d}M(x)}{\mathrm{d}x} = Q(x) \tag{2}$$

从式(1)和式(2)可以看出,荷载、剪力、弯矩的 x 幂次是递增的,即荷载、剪力、弯矩的图形分别为次数递增的函数曲线。若杆段上无均布荷载,则剪力方程 x 幂次是零次的,剪力图曲线是平行于杆轴线的直线,弯矩方程 x 幂次是一次的,弯矩图曲线是斜直线;若杆段上是均布荷载,则剪力方程 x 幂次是一次的,剪力图曲线是与杆轴线成锐角夹角的斜直线,弯矩方程 x 幂次是二次的,弯矩图曲线是二次曲线;若杆段上有集中荷载,相当于均布荷载密集于一点,则剪力图曲线是与杆轴线成直角的直线,即剪力在此处发生突变,弯矩图是二次曲线也相当于密集于一点,即出现尖角(转折点);若杆段上有力偶对剪力图没有影响,而弯矩图则产生突变。

设杆件在 $x = a$ 和 $x = b$ 处两个截面 A、B,将(1)式积分可得

$$Q_B = Q_A + \int_a^b q(x)\,\mathrm{d}x \tag{3}$$

从式(3)可以看出,B 截面的剪力等于 A 截面的剪力加上 AB 段荷载的大小(有正负)。

将式(2)积分可得

$$M_B = M_A + \int_a^b Q(x)\,\mathrm{d}x \tag{4}$$

从式(4)可以看出,B 截面的弯矩等于 A 截面的弯矩加上 AB 段剪力图面积的大小(有正负)。

根据以上分析,梁的剪力图可根据其上作用的荷载来绘制,编制口诀为:"无荷载平杆走,遇力偶不用瞅,集中力直角拐,均布力锐角拐,拐方向力方向,拐多少力大小"。即绘梁的剪力图时依据杆段的荷载,从左至右绘图,上正下负。若杆段没有荷载则与杆轴线平行绘;若遇到力偶对剪力图没有影响;若遇到集中力,剪力图垂直杆轴线产生突变,突变方向与集中力的指向一致,突变值等于集中力的大小;若遇到均布力,剪力图按照与杆轴线呈锐角的斜直线绘制,斜直线倾斜的方向与均布力的指向一致,倾斜值等于均布力合力的大小。

梁的弯矩图可根据其剪力图来绘制,编制口诀为:"Q 无 M 平,Q 平 M 斜,Q 斜 M 曲,Q 正 M 增,Q 负 M 减,增减多少,面积大小,力偶别右,顺多逆少"。即绘梁的弯矩图时依据杆段剪力,从左至右绘图,

上负下正。若杆段剪力为零,则该段弯矩图与杆轴线平行绘;若杆段剪力图平行于杆轴线,则弯矩图按照与杆轴线呈锐角的斜直线绘制;若杆段剪力图是与杆轴线呈锐角的斜直线,则弯矩图按照二次曲线绘制;剪力图为正时,弯矩图按逐渐增大绘制,反之按逐渐减小绘制,弯矩图增减数值等于对应杆段剪力图的面积;若遇到力偶,则弯矩图产生垂直于杆轴线的突变,顺时针力偶使弯矩图产生增大突变,逆时针力偶使弯矩图产生减小,突变值等于力偶矩大小。

　　注意:①绘制梁的剪力图时,从左至右绘图,上侧为正下侧为负,并在图中标上正负号;绘制梁的弯矩图时,绘制顺序与剪力图一致,但正负号相反,即弯矩图绘于受拉侧,且图中不标正负号;②绘制梁的剪力图和弯矩图时,对于力偶,绘剪力图时不予考虑,但弯矩图在力偶处产生突变,要遵循"力偶别有,顺多逆少"口诀来绘制,特别要注意的是集中力或均布力通过别的杆件传递来的力偶也应包括在内;③根据口诀"Q 斜 M 曲",即剪力图是斜直线时弯矩图是二次曲线,二次曲线的凸出方向和均布力的指向一致。

第二节　第一层次习题精选及分析解答

一、习题精选

1. 求如图 3-1 所示的拉(压)杆指定截面的轴力,并画出轴力图。

图 3-1

2. 求如图 3-2 所示拉(压)杆指定截面的轴力,并画出轴力图。

图 3-2

3. 作出如图 3-3 所示各杆的扭矩图。

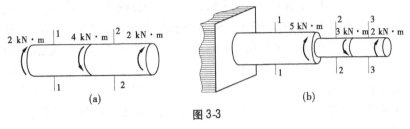

图 3-3

4.求图 3-4 所示各梁指定截面的剪力和弯矩。

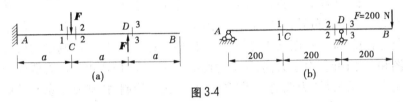

图 3-4

5.如图 3-5 所示,列出梁的剪力方程和弯矩方程,并画出剪力图和弯矩图。

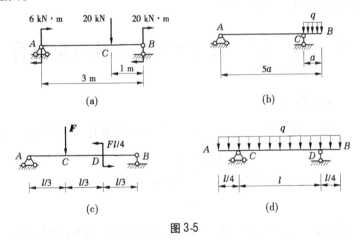

图 3-5

二、分析解答

1.**解**:(1)以力的作用点为界分三段,用直接法计算各段轴力。

$$N_1 = -2 \text{ kN}(压)$$

$$N_2 = -2 + 4 = 2(kN)(拉)$$
$$N_3 = -2 + 4 - 6 = -4(kN)(压)$$

（2）画轴力图如图 3-6 所示。

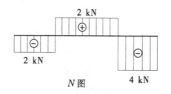

图 3-6

2. **解**:（1）以力的作用点为界分三段,用直接法计算各段轴力。

$N_1 = -5\ kN(压); N_2 = -5 + 15 = 10(kN)(拉); N_3 = -10\ kN(压)$

（2）画轴力图如图 3-7 所示。

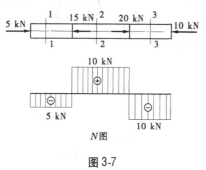

图 3-7

3.（a）**解**:（1）以力偶的作用面为界分两段,用直接法计算各段扭矩。

$$M_{x1} = 2\ kN \cdot m; M_{x2} = -2\ kN \cdot m$$

（2）画扭矩图如图 3-8 所示。

（b）**解**:（1）以力偶的作用面为界分两段,用直接法计算各段扭矩。

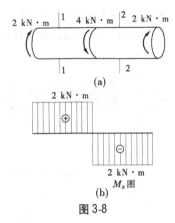

(a)

(b)

图 3-8

$$M_{x1} = -2 + 3 + (-5) = -4(\text{kN} \cdot \text{m}) ; M_{x2} = -2 + 3 = 1(\text{kN} \cdot \text{m}) ;$$
$$M_{x3} = -2 \text{ kN} \cdot \text{m}$$

(2)画扭矩图如图 3-9 所示。

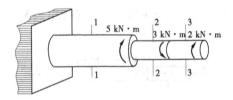

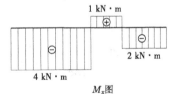

图 3-9

4.(a)解:用直接法计算指定截面剪力和弯矩。

$$Q_1 = F - F = 0, M_1 = Fa$$
$$Q_2 = -F, M_2 = Fa$$
$$Q_3 = 0, M_3 = 0$$

(b)解:(1)列平衡方程计算支座反力。

$$F_A = -100\ \text{N}(\downarrow),F_B = 300\ \text{N}(\uparrow)$$

（2）用直接法计算指定截面剪力和弯矩。

$$Q_1 = -100\ \text{N},M_1 = -100 \times 0.2 = -20(\text{N} \cdot \text{m})$$

$$Q_2 = -100\ \text{N},M_2 = -100 \times 0.4 = -40(\text{N} \cdot \text{m})$$

$$Q_3 = 200\ \text{N},M_3 = -200 \times 0.2 = -40(\text{N} \cdot \text{m})$$

5.（a）**解：**（1）计算支座反力。

$$F_A = -2\ \text{kN}(\downarrow),F_B = 22\ \text{kN}(\uparrow)$$

（2）分段列内力方程。

AC 段　　　　$Q(x) = F_A = -2\ \text{kN}(0 < x < 2)$

$$M(x) = F_A \cdot x + 6 = -2x + 6(0 \leqslant x \leqslant 2)$$

CB 段　　　　$Q(x) = F_A - 20 = -22\ \text{kN}(2 < x < 3)$

$$M(x) = -20 + F_B \cdot (3 - x) = 46 - 22x(2 < x \leqslant 3)$$

（3）绘内力图如图 3-10 所示。

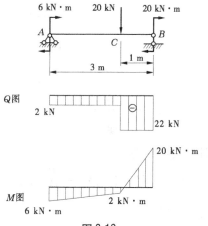

图 3-10

（b）**解：**（1）计算支座反力。

$$F_A = -\frac{qa}{8}(\downarrow),F_C = \frac{9qa}{8}(\uparrow)$$

（2）分段列内力方程。

AC 段 $\qquad Q(x) = F_A = -\dfrac{qa}{8}\,(0 < x < 4a)$

$$M(x) = F_A \cdot x = -\dfrac{qa}{8}x\,(0 \leqslant x \leqslant 4a)$$

CB 段 $\qquad Q(x) = -q(5a - x)\,(4a < x < 5a)$

$$M(x) = -\dfrac{q\,(5a - x)^2}{2}\,(4a < x \leqslant 5a)$$

(3)绘内力图如图 3-11 所示。

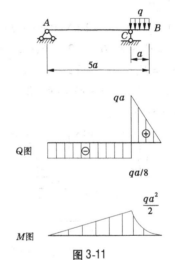

图 3-11

(c)解:(1)计算支座反力。

$$F_A = \dfrac{11F}{12}\,(\uparrow)\,,\; F_B = \dfrac{F}{12}\,(\uparrow)$$

(2)分段列内力方程。

AC 段 $\qquad Q(x) = F_A = \dfrac{11F}{12}\,(0 < x < \dfrac{l}{3})$

$$M(x) = F_A \cdot x = \dfrac{11F}{12}x\,(0 \leqslant x \leqslant \dfrac{l}{3})$$

CD 段 $\qquad Q(x) = F_A - F = \dfrac{11F}{12} - F = -\dfrac{F}{12}\,(\dfrac{l}{3} < x < \dfrac{2l}{3})$

$$M(x) = F_A \cdot x - F \cdot \left(x - \frac{l}{3}\right) = \frac{11F}{12}x - F \cdot x + \frac{Fl}{3}$$

$$= -\frac{Fx}{12} + \frac{Fl}{3} \left(\frac{l}{3} < x \leqslant \frac{2l}{3}\right)$$

DB 段　　　　$Q(x) = -F_B = -\frac{F}{12} \left(\frac{2l}{3} < x < l\right)$

$$M(x) = F_B(l - x) = \frac{Fl}{12} - \frac{Fx}{12} \left(\frac{2l}{3} < x \leqslant l\right)$$

（3）绘内力图如图 3-12 所示。

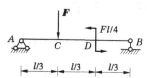

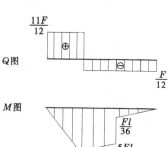

图 3-12

（d）**解**：（1）计算支座反力。

$$F_C = \frac{3ql}{4}(\uparrow), F_D = \frac{3ql}{4}(\uparrow)$$

（2）分段列内力方程。

AC 段　　　　$Q(x) = -qx\left(0 < x < \frac{l}{4}\right)$

$$M(x) = -\frac{qx^2}{2}\left(0 \leqslant x \leqslant \frac{l}{4}\right)$$

CD 段　　$Q(x) = -qx + F_C = -qx + \frac{3ql}{4}\left(\frac{l}{4} < x < \frac{5l}{4}\right)$

$$M(x) = -\frac{qx^2}{2} + F_C\left(x - \frac{l}{4}\right)$$

$$= -\frac{qx^2}{2} + \frac{3qlx}{4} - \frac{3ql^2}{16}\left(\frac{l}{4} < x \leqslant \frac{5l}{4}\right)$$

DB 段 $\quad Q(x) = -q\left(\frac{3l}{2} - x\right)\left(\frac{5l}{4} < x < \frac{3l}{2}\right)$

$$M(x) = -\frac{q\left(\frac{3l}{2} - x\right)^2}{2}\left(\frac{5l}{4} < x \leqslant \frac{3l}{2}\right)$$

（3）绘内力图如图 3-13 所示。

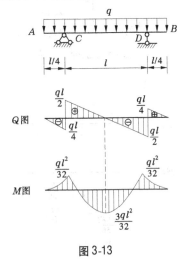

图 3-13

第三节　第二层次习题精选及分析解答

一、习题精选

1. 试求图 3-14 所示各杆 1—1、2—2、3—3 截面上的轴力，并作轴力图。

2. 绘图 3-15 所示杆件的轴力图。

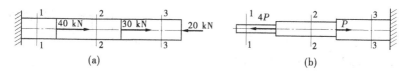

图 3-14

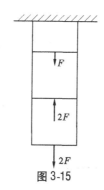

图 3-15

3. 某传动轴如图 3-16 所示, 转速 $n = 300$ r/min, 轮 1 为主动轮, 输入功率 $P_1 = 50$ kW, 轮 2、轮 3 与轮 4 为从动轮, 输出功率分别为 $P_2 = 10$ kW, $P_3 = P_4 = 20$ kW。

(1) 试画轴的扭矩图, 并求轴的最大扭矩。

(2) 若将轮 1 和轮 3 的位置对调, 轴的最大扭矩变为何值, 对轴的受力是否有利。

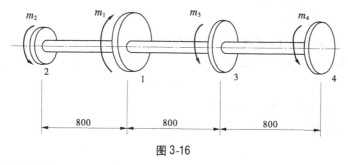

图 3-16

4. 作出图 3-17 所示杆的内力图。

5. 如图 3-18 所示, 已知梁的剪力图, 作梁的弯矩图, 并确定梁上荷

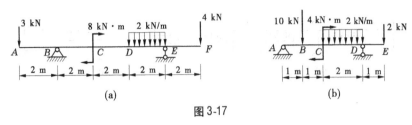

图 3-17

载,设梁上无集中力偶。

6.已知简支梁的剪力图如图 3-19 所示,试作梁的弯矩图和荷载图(设梁上无集中力偶作用)。

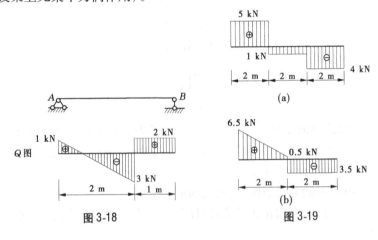

图 3-18　　　　　　　　图 3-19

二、分析解答

1.(a)**解**:(1)用直接法计算各段轴力。

$N_1 = 40 + 30 - 20 = 50(\text{kN})(\text{拉})$；$N_2 = 30 - 20 = 10(\text{kN})(\text{拉})$；

$$N_3 = -20 \text{ kN}(\text{压})$$

(2)画轴力图如图 3-20 所示。

(b)**解**:(1)用直接法计算各段轴力。

$$N_1 = 0;N_2 = 4P(\text{拉});N_3 = 4P - P = 3P(\text{拉})$$

(2)画轴力图如图 3-21 所示。

2.**解**:(1)用直接法计算各段轴力。

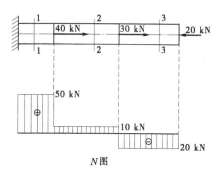

N 图

图 3-20

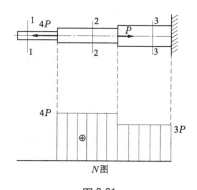

N 图

图 3-21

$N_1 = 2F($ 拉 $);N_2 = -2F + 2F = 0;N_3 = F - 2F + 2F = F($ 拉 $)$

(2)画轴力图如图 3-22 所示。

3.(1)解:①计算外力偶矩。

$$m_1 = 9.55 \times \frac{P_1}{n} = 9.55 \times \frac{50}{300} = 1.592(\text{kN} \cdot \text{m})$$

$$m_2 = 9.55 \times \frac{P_2}{n} = 9.55 \times \frac{10}{300} = 0.318(\text{kN} \cdot \text{m})$$

$$m_3 = m_4 = 9.55 \times \frac{P_3}{n} = 9.55 \times \frac{20}{300} = 0.637(\text{kN} \cdot \text{m})$$

②以力偶的作用面为界分三段,用直接法计算各段扭矩。

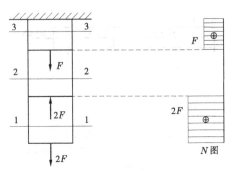

图 3-22

$M_{x1} = -0.318 \text{ kN} \cdot \text{m}$

$M_{x2} = -0.318 + 1.592 = 1.274(\text{kN} \cdot \text{m})$

$M_{x3} = 0.637 \text{ kN} \cdot \text{m}$

③画扭矩图如图 3-23 所示,由扭矩图可知全轴最大扭矩为 1.274

kN · m。

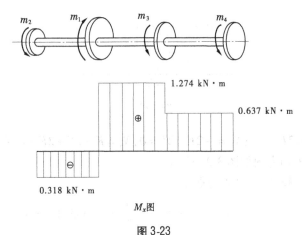

图 3-23

(2)解:①若将轮 1 和轮 3 对调,则各段扭矩为

$M_{x1} = -0.318 \text{ kN} \cdot \text{m}$;$M_{x2} = -0.318 - 0.637 = -0.955(\text{kN} \cdot \text{m})$;

$M_{x3} = 0.637 \text{ kN} \cdot \text{m}$

②画扭矩图如图 3-24 所示,由扭矩图可知全轴最大扭矩为 0.955

kN·m,对调后,最大扭矩变小,故对轴受力有利。

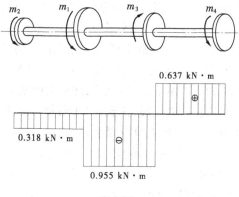

图 3-24

4.(a)**解**:(1)计算支座反力。

$$F_{By} = 2 \text{ kN}(\uparrow);F_E = 9 \text{ kN}(\uparrow)$$

(2)利用"口诀法"绘 Q 图,如图 3-25 所示。

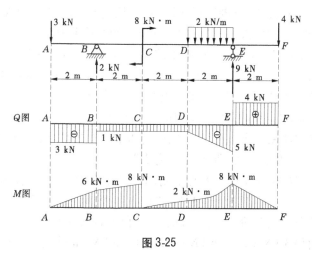

图 3-25

口诀:"无荷载平杆走,遇力偶不用瞅,集中力直角拐,均布力锐角拐,拐方向力方向,拐多少力大小"。

 绘图:AF 杆自 A 点至 F 点绘制,首先遇到 A 点向下的集中力 3 kN,按照"集中力直角拐""拐方向力方向""拐多少力大小",即剪力图从 A 点向下垂直 AF 杆轴线画 3 kN 对应长度的线段,达到 -3 kN;接下来 AB 段没有荷载,按照"无荷载平杆走",则此段剪力图平行 AF 杆,仍然是 -3 kN;在 B 点遇到向上的支座反力 $F_{By} = 2$ kN,按照"集中力直角拐""拐方向力方向""拐多少力大小",即剪力图从 B 点向上垂直 AF 杆轴线画 2 kN 对应长度的线段,达到 -1 kN;接下来 BC 段没有荷载,按照"无荷载平杆走",则此段剪力图平行 AF 杆,是 -1 kN,经过 C 点遇到力偶 8 kN·m,按照"遇力偶不用瞅",继续平行 AF 杆画;CD 段没有荷载,按照"无荷载平杆走",则此段剪力图平行 AF 杆,仍然是 -1 kN;接下来的 DE 段遇到 2 kN/m 向下的均布荷载,按照"均布力锐角拐,拐方向力方向,拐多少力大小",即剪力图从 -1 kN 起向下倾斜,与 AF 杆呈锐角的斜直线,向下倾斜的值等于均布荷载合力的大小,即 2 kN/m $\times$ 2 m $= 4$ kN,达到 -5 kN;在 E 点遇到向上的支座反力 $F_E = 9$ kN,按照"集中力直角拐""拐方向力方向""拐多少力大小",即剪力图从 E 点向上垂直 AF 杆轴线画 9 kN 对应长度的线段,达到 4 kN;接下来 EF 段没有荷载,按照"无荷载平杆走",则此段剪力图平行 AF 杆,仍然是 4 kN;接着在 F 点遇到向下的集中力 4 kN,按照"集中力直角拐""拐方向力方向""拐多少力大小",即剪力图从 F 点向下垂直 AF 杆轴线画 4 kN 对应长度的线段,在 F 点与 AF 杆封闭。

 (3)利用"口诀法"绘 M 图,如图 3-25 所示。

 口诀:"Q 无 M 平,Q 平 M 斜,Q 斜 M 曲,Q 正 M 增,Q 负 M 减,增减多少,面积大小,力偶别有,顺多逆少"。

 绘图:AF 杆自 A 点至 F 点绘制,AB 段的剪力图平行于杆轴线且为负,根据"Q 平 W 斜""Q 负 M 减""增减多少,面积大小",即 AB 段的弯矩图是向上倾斜的斜直线,弯矩从零开始减小,减小值等于 AB 段剪力图的面积 3 kN $\times$ 2 m $= 6$ kN·m,达到 -6 kN·m;接下来 BC 段的剪力图平行于杆轴线且为负,根据"Q 平 W 斜""Q 负 M 减""增减多少,面积大小",即 BC 段的弯矩图是向上倾斜的斜直线,弯矩从 -6 kN·m 开始减小,减小值等于 BC 段剪力图的面积 1 kN $\times$ 2 m $= 2$ kN·m,达到

−8 kN·m;接着遇到 C 点的 8 kN·m 的顺时针转向的力偶,按照"力偶别有,顺多逆少",则弯矩图在 C 点向下垂直于 AF 杆轴线突变增加 8 kN·m,达到 0;接下来 CD 段的剪力图平行于杆轴线且为负,根据"Q 平 W 斜""Q 负 M 减""增减多少,面积大小",即 CD 段的弯矩图是向上倾斜的斜直线,弯矩从 0 开始减小,减小值等于 CD 段剪力图的面积 1 kN×2 m=2 kN·m,达到 −2 kN·m;接下来 DE 段剪力图为斜直线且为负,按照"Q 斜 W 曲""Q 负 W 减""增减多少,面积大小",其弯矩图为二次曲线,且弯矩逐渐减小亦即图形向上弯曲,减少值等于 DE 段剪力图的面积(1+5)kN×2 m/2=6 kN·m,即弯矩图从 −2 kN·m 减少至 −8 kN·m;接下来 EF 段的剪力图是平行于杆轴线且为正,根据"Q 平 W 斜""Q 正 M 增""增减多少,面积大小",即 EF 段的弯矩图是向下倾斜的斜直线,弯矩从 −8 kN·m 开始增加,增加值等于 EF 段剪力图的面积 4 kN×2 m=8 kN·m,达到 0,在 F 点与 AF 杆封闭。

(b)**解**:(1)计算支座反力。

$$F_{Ay} = 7 \text{ kN}(\uparrow); F_D = 9 \text{ kN}(\uparrow)$$

(2)利用口诀绘 Q 图和 M 图,如图 3-26 所示。

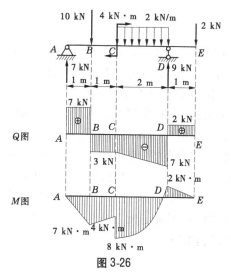

图 3-26

5. **解**:(1)根据 Q 图确定梁上荷载。Q 图为斜直线梁段作用均布荷载,荷载集度为 $(3+1)/2 = 2$ kN/m;Q 图向上突变处,梁上作用有向上的集中力,该集中力大小为突变值 $(3+2)$ kN $= 5$ kN;Q 图为水平线的梁段则没有荷载。

(2)根据 Q 图利用"口诀法"绘制 M 图,如图 3-27 所示。

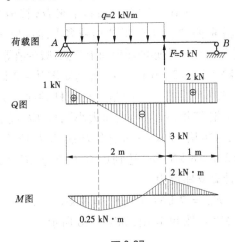

图 3-27

6. (a)**解**:(1)根据 Q 图确定梁上荷载。从左侧起,Q 图向上突变至 5 kN,说明梁左端作用向上的 5 kN 集中力;接下来 Q 图为水平线的梁段则没有荷载;接着 Q 图从 5 kN 向下突变至 -1 kN,说明该处作用向下的 6 kN 集中力;接下来 Q 图为水平线的梁段则没有荷载;接着 Q 图从 -1 kN 向下突变至 -4 kN,说明该处作用向下的 3 kN 集中力;接下来 Q 图为水平线的梁段则没有荷载;接着 Q 图从 -4 kN 向上突变至 0,说明该处作用向上的 4 kN 集中力,如图 3-28 所示。

(2)根据 Q 图利用"口诀法"绘制 M 图,如图 3-28 所示。

(b)**解**:(1)根据 Q 图确定梁上荷载如图 3-29 所示。

(2)根据 Q 图利用"口诀法"绘制 M 图,如图 3-29 所示。

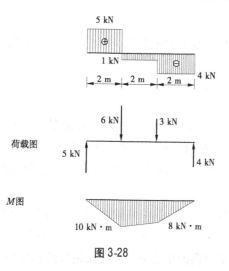

图 3-28

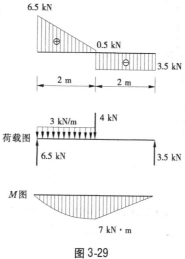

图 3-29

第四节　第三层次习题精选及分析解答

一、习题精选

1. 如图 3-30 所示变截面轴向拉杆，C 端是固定端支座，AB 段截面面积 $A_1 = 0.1\ m^2$，BC 段截面面积 $A_2 = 0.2\ m^2$，杆件的单位体积重量 $\gamma = 30\ kN/m^3$，AB、BC 段长度均为 10 m，A 端悬挂重物的重量 $G = 10\ kN$，作杆件轴力图。

2. 如图 3-31 所示，某钻探机的功率为 10 kW，转速 $n = 180\ r/min$，钻杆进入土层的深度 $l = 40\ m$。设土层对钻杆的阻力为均匀分布的力偶。试求该均布力偶的集度 m_0，并绘制钻杆的扭矩图。

图 3-30　　　　　　　　　图 3-31

3. 作如图 3-32 所示梁的剪力图和弯矩图。

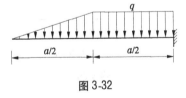

图 3-32

4. 已知简支梁的弯矩图如图 3-33 所示，试作梁的剪力图和荷载图。

5. 如图 3-34 所示简支梁 AB，梁上小车可沿梁轴移动，二轮对梁的压力均为 F。试问：

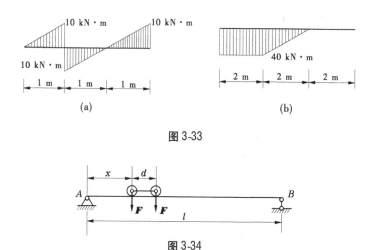

图 3-33

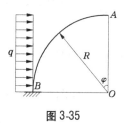

图 3-34

（1）小车位于何位置时梁的最大弯矩值最大，并确定该弯矩的值；

（2）小车位于何位置时梁的最大剪力值最大，并确定该剪力的值。

6.写出图 3-35 所示曲杆的内力方程，并作内力图（轴力、剪力、弯矩图）。

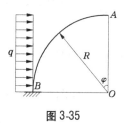

图 3-35

二、分析解答

1.解：（1）列 AB 段离 A 端为 x_1 的 1—1 截面轴力方程。

$$N_1(x) = F + \gamma A_1 x_1$$

$$= 10 + 30 \times 0.1 \times x_1$$

$$= 10 + 3x_1 (0 \leqslant x_1 \leqslant 10)$$

（2）列 BC 段离 A 端为 x_2 的 2—2 截面轴力方程。

$$N_2(x) = F + \gamma A_1 l + \gamma A_2(x_2 - l)$$
$$= 10 + 30 \times 0.1 \times 10 + 30 \times 0.2 \times (x_2 - 10)$$
$$= -20 + 6x_2 \quad (10 \leqslant x_2 \leqslant 20)$$

(3)作 N 图如图 3-36 所示。

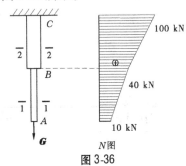

图 3-36

2. 解:(1)计算均布力偶的集度 m_0。

$$M_0 = 9.55 \times \frac{P}{n} = 9.55 \times \frac{10}{180} = 0.53(\mathrm{kN \cdot m})$$

$$m_0 = \frac{M_0}{l} = \frac{0.53}{40} = 0.013\,25(\mathrm{kN \cdot m/m})$$

(2)列扭矩方程。

用直接法计算距钻头为 x 处截面扭矩为

$$M_x = -m_0 \cdot x = -0.013\,25x$$

(3)利用扭矩方程绘扭矩图如图 3-37 所示。

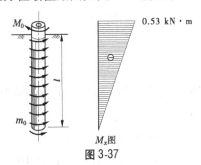

图 3-37

3. 解:利用"口诀法"绘 Q 图,利用 Q 图绘 M 图,如图 3-38 所示。

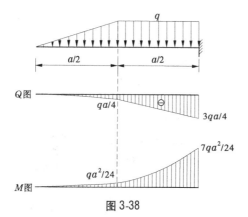

图 3-38

注意:梁的左段是非均布荷载,荷载集度按线性从左至右增加,因而该段 Q 图为二次曲线,M 图为三次曲线。

4.(a)**解**:(1)根据 M 图利用"口诀法"绘 Q 图。从左侧起,M 图向右上斜直线,M 值从 0 减少至 -10 kN·m,说明该段 Q 图为水平线,Q 值为:10 kN·m/1 m $=10$ kN;接下来 M 图还是向右上斜直线,M 值从 10 kN·m 减少至 -10 kN·m,说明该段 Q 图仍为水平线,Q 值为:$(10+10)$ kN·m/2 m $=10$(kN),如图 3-39 所示。

(2)根据 Q 图和 M 图确定荷载图。从左侧起,Q 图向下突变至 -10 kN,说明梁左端作用向下的 10 kN 集中力;接下来 Q 图为水平线的梁段则没有荷载;接着 Q 图从 -10 kN 向上突变至 0,说明该处作用向上的 10 kN 集中力。从左侧起,M 图从 -10 kN·m 向下突变至 10 kN·m,说明梁段该处作用 20 kN·m 的顺时针力偶;接着 M 图从 -10 kN·m 向下突变至 0,说明梁段该处作用 10 kN·m 的顺时针力偶,如图 3-39 所示。

(b)**解**:(1)根据 M 图利用"口诀法"绘 Q 图,如图 3-40 所示。

(2)根据 Q 图和 M 图确定荷载图,如图 3-40 所示。

5.**解**:(1)计算支座反力。

由图 3-41 所示小车位置,可求得两端的支座反力,其值分别为

$$F_{Ay} = \frac{F}{l}(2l - 2x - d), \quad F_{By} = \frac{F}{l}(2x + d) \quad [0 \leqslant x \leqslant (l - d)]$$

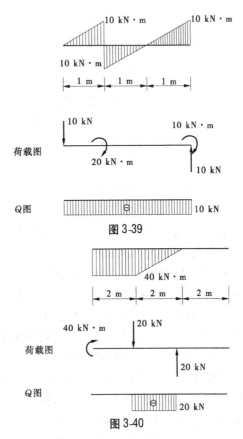

荷载图

Q图

图 3-39

荷载图

Q图

图 3-40

（2）绘 Q 图和 M 图。

根据支座反力及梁上小车压力，绘 Q 图和 M 图如图 3-41 所示。

（3）确定最大弯矩值及小车位置。

由 M 图可以看出最大弯矩值在 F 作用处。求左轮处 M_1，并求其极值，即可得到 M_{max}。

$$M_1(x) = F_{Ay}x = \frac{F}{l}\big[(2l - d)x - 2x^2\big] \quad \big[0 \leqslant x \leqslant (l - d)\big] \quad (a)$$

由 $\dfrac{dM_1(x)}{dx} = 0$，得

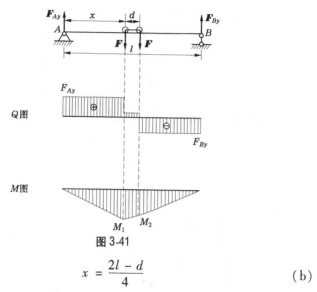

图 3-41

$$x = \frac{2l - d}{4} \tag{b}$$

此即左轮处 M_1 达到最大值的左轮位置。

将(b)式带入(a)式,得弯矩的最大值为

$$M_{max} = \frac{F}{8l}(2l - d)^2 \tag{c}$$

由对称性可知,当 $x = (2l - 3d)/4$ 时,右轮处的 M_2 达到最大,其值同(c)式。

(4)确定最大剪力值及小车位置。

由 Q 图可知,最大剪力只可能出现在左段或右段,其剪力方程依次为

$$Q_1 = F_{Ay} = \frac{F}{l}(2l - 2x - d) \quad [0 < x < (l - d)]$$

$$|Q_2| = F_{By} = \frac{F}{l}(2x + d) \quad [0 < x < (l - d)]$$

二者都是 x 的一次函数,当 $x \to 0$ 或 $x \to (l - d)$ 时,即小车无限移近梁的左端或右端时,梁支座内侧截面 $A_右$ 或 $B_左$ 出现最大剪力,其绝对值为

$$|Q|_{max} = \frac{F}{l}(2l - d)$$

6.解:(1)列内力方程。

$$N = qR(1 - \cos\varphi)\cos\varphi$$
$$Q = qR(1 - \cos\varphi)\sin\varphi$$
$$M = \frac{qR^2}{2}(1 - \cos\varphi)^2$$

(2)根据内力方程绘内力图如图 3-42 所示。

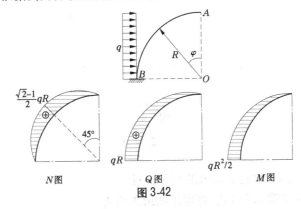

图 3-42

第四章　应　力

主线:应力与应力状态→强度计算→刚度计算→稳定性计算。
目标:承载能力(强度、刚度和稳定性)计算。

第一节　学习要点及学习指导

一、应力与应力状态

(一)应力

1.应力

内力在截面上某点处的分布集度,单位是 Pa。

2.四种基本变形的应力

四种基本变形的应力见表4-1。

表4-1　四种基本变形的应力

基本变形	外力	内力	应力	应力分布规律
轴向拉 (压)	横向 力	轴力 (N)	正应力:$\sigma = \dfrac{N}{A}$ 式中:N 为轴力;A 为横截面面积	在横截面上均匀分布 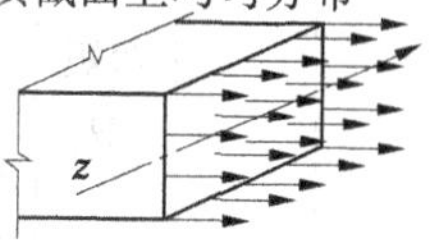
剪切 (连接件)	横向 力	剪力 (Q)	剪应力:$\tau = \dfrac{Q}{A_Q}$ 式中:Q 为剪力;A_Q 为剪切面面积	在受剪面上均匀分布 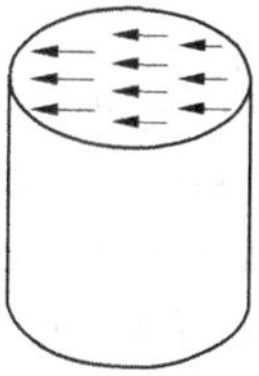

续表 4-1

基本变形	外力	内力	应力	应力分布规律
扭转 （圆轴）	外力偶	扭矩 （M_x）	剪应力：$\tau = \dfrac{M_x \cdot \rho}{I_\rho}$ 式中：M_x 为计算截面上的扭矩；ρ 为计算点离圆心的距离；I_ρ 为计算截面对圆心的极惯性矩	沿半径方向呈线性分布，在圆心处为零，在横截面周边各点处达到最大
平面弯曲	横向力、外力偶	剪力 （Q）	剪应力：$\tau = \dfrac{QS_z^*}{I_z b}$ 式中：Q 为所求剪应力的点所在横截面上的剪力；S_z^* 为所求剪应力的点处横线以下（或以上）的面积 A^* 对中性轴的静矩；I_z 为整个截面对中性轴的惯性矩；b 为所求剪应力的点处截面的宽度	沿截面高度按二次抛物线规律变化，截面上下边缘处的剪应力为零，中性轴上剪应力最大
		弯矩 （M）	正应力：$\sigma = \dfrac{M_z y}{I_z}$ 式中：M_z 为横截面上的弯矩；y 为横截面上待求正应力点处离中性轴 z 的距离；I_z 为横截面对中性轴 z 的惯性矩	沿截面高度呈线性分布，中性轴上正应力为零，离中性轴越远，正应力数值越大

注：1. 四种基本变形计算公式具有共同的特征，即应力 $= \dfrac{\text{内力} \times \text{距离}}{\text{截面几何性质}}$；

2. 理解应力分布规律；

3. 连接件除铆钉、螺栓等有剪应力外，还有挤压应力 $\sigma_c = \dfrac{F_c}{A_c}$ 和拉伸应力 $\sigma = \dfrac{N}{A}$。

3.组合变形的应力

常见组合变形的应力见表4-2。

表4-2 常见组合变形的应力

组合变形	外力	内力	应力
斜弯曲	外力垂直杆轴且通过形心但未作用在纵向对称面内	弯矩(M_z、M_y)	正应力：$$\sigma = \pm \frac{M_z y}{I_z} \pm \frac{M_y z}{I_y}$$
拉(压)弯	受横向力和轴向力的作用	轴力(N)、弯矩(M)	正应力：$$\sigma = \pm \frac{N}{A} \pm \frac{M_z y}{I_z}$$
偏心拉(压)	外力与杆轴线平行但不重合	轴力(N)、弯矩(M)	正应力：$$\sigma = \pm \frac{N}{A} \pm \frac{M_z y}{I_z}$$ $$= \pm \frac{N}{A} \pm \frac{Ney}{I_z}$$
弯扭(圆轴)	受横向力与外力偶的作用	弯矩(M)、扭矩(M_x)	剪应力：$\tau = \dfrac{M_x \cdot \rho}{I_\rho}$ 正应力：$\sigma = \dfrac{M_z y}{I_z}$

注:1.组合变形,是受力构件产生的变形,是由两种或两种以上的基本变形组合而成的,因而组合变形的计算可采用"先分解,后叠加"的方法:先分解——先分解为各种基本变形,分别计算各基本变形的某量(如应力);后叠加——将基本变形计算某量的结果叠加即得组合变形的结果。

2.圆轴弯扭组合变形的应力应通过单元体来描述其应力状态。

(二)应力状态

1.应力状态

过受力构件内某点各方向的应力状况的总和,分为单向应力状态、二向应力状态和三向应力状态。

2.平面应力状态分析

(1)任意斜截面上的应力。

任意斜截面上的应力计算图如图 4-1 所示。

$$\sigma_\alpha = \frac{\sigma_x + \sigma_y}{2} + \frac{\sigma_x - \sigma_y}{2}\cos2\alpha - \tau_x\sin2\alpha$$

$$\tau_\alpha = \frac{\sigma_x - \sigma_y}{2}\sin2\alpha + \tau_x\cos2\alpha$$

也可以作应力圆，计算斜截面上的应力，应力圆的圆心是 $\left(\frac{\sigma_x + \sigma_y}{2}, 0\right)$，半径等于 $\sqrt{\left(\frac{\sigma_x - \sigma_y}{2}\right)^2 + \tau_x^2}$，如图 4-2 所示。

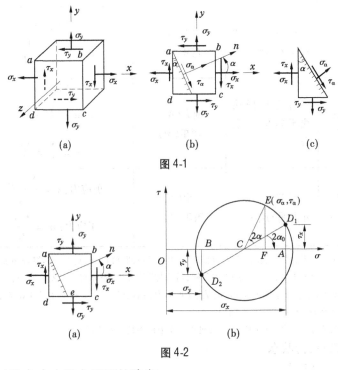

图 4-1

图 4-2

（2）主应力及主平面的确定。

主平面是特殊的斜截面，其上仅有正应力而无剪应力。

$$\sigma_{\min}^{\max} = \frac{\sigma_x + \sigma_y}{2} \pm \sqrt{\left(\frac{\sigma_x - \sigma_y}{2}\right)^2 + \tau_x^2}$$

$$\tan 2\alpha_0 = -\frac{2\tau_x}{\sigma_x - \sigma_y}$$

注意:由上式计算的 σ_{max} 和 σ_{min} 是平面应力状态中的两个主应力,角度也是两个:α_0 和 $\alpha_0 + 90°$,至于 α_0 是 x 轴与 σ_{max} 还是 x 轴与 σ_{min} 之间的夹角,可按口诀"大偏大,小偏小,不超45°角"来判断,即:当 $\sigma_x > \sigma_y$ 时,α_0 是 x 轴与 σ_{max} 的夹角;当 $\sigma_x < \sigma_y$ 时,α_0 是 x 轴与 σ_{min} 的夹角;当 $\sigma_x = \sigma_y$ 时,$\alpha_0 = 45°$,主应力的方向可由单元体上剪应力的情况判断。

利用应力圆很容易确定主应力与主平面方向。如图 4-3 所示应力圆与 σ 轴的交点 A_1、A_2 的纵坐标 $\tau = 0$,所以 A_1、A_2 点对应于单元体上两个主平面,其横坐标分别对应主应力 σ_{max} 和 σ_{min}。由于 D_1 代表单元体上的 x 平面,则圆心角 $\angle D_1 C A_1$ 的一半(圆周角 $\angle D_1 A_2 A_1$)为 σ_{max} 所在平面的方位角。

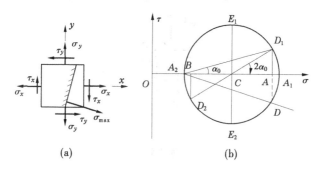

(a)   (b)

图 4-3

(3)最大剪应力的确定。

$$\tau_{min}^{max} = \pm \sqrt{\left(\frac{\sigma_x - \sigma_y}{2}\right)^2 + \tau_x^2}$$

$$\tan 2\alpha_1 = \frac{\sigma_x - \sigma_y}{2\tau_x}$$

若已知主应力,剪应力极值还可写为:

$$\tau_{min}^{max} = \pm \frac{\sigma_{max} - \sigma_{min}}{2}$$

剪应力的极值平面和主平面成45°。如图4-3 所示,应力圆上最高点 E_1 点、最低点 E_2 的纵坐标分别是 τ_{max} 和 τ_{min}。其方位角由 $\overparen{D_1E_1}$ 和 $\overparen{D_2E_2}$ 弧所对的圆心角之半(或该弧所对的圆周角)量得。

(三)广义虎克定律

1. 一般形式(如图4-4 所示)

$$\left.\begin{array}{l} \varepsilon_x = \dfrac{1}{E}\left[\sigma_x - \nu(\sigma_y + \sigma_z)\right] \\[2mm] \varepsilon_y = \dfrac{1}{E}\left[\sigma_y - \nu(\sigma_z + \sigma_x)\right] \\[2mm] \varepsilon_z = \dfrac{1}{E}\left[\sigma_z - \nu(\sigma_x + \sigma_y)\right] \end{array}\right\}$$

$$\gamma_{xy} = \frac{\tau_{xy}}{G} \qquad \gamma_{yz} = \frac{\tau_{yz}}{G} \qquad \gamma_{zx} = \frac{\tau_{zx}}{G}$$

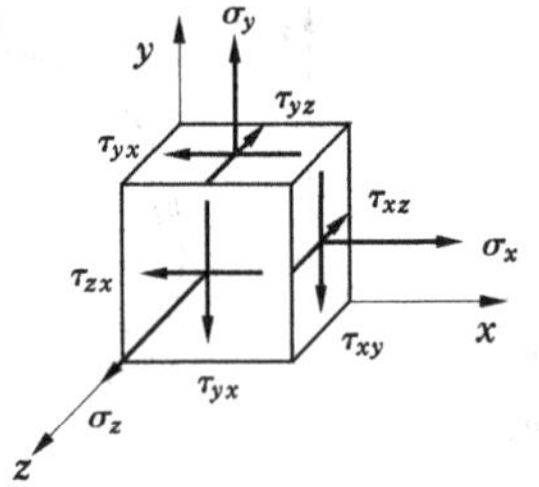

图4-4

2. 主应力和主应变之间的关系

$$\left.\begin{array}{l} \varepsilon_1 = \dfrac{1}{E}\left[\sigma_1 - \nu(\sigma_2 + \sigma_3)\right] \\[2mm] \varepsilon_2 = \dfrac{1}{E}\left[\sigma_2 - \nu(\sigma_3 + \sigma_1)\right] \\[2mm] \varepsilon_3 = \dfrac{1}{E}\left[\sigma_3 - \nu(\sigma_1 + \sigma_2)\right] \end{array}\right\}$$

二、强度计算

(一)强度理论

复杂应力状态下四种常用的强度理论见表4-3。

表4-3 复杂应力状态下四种常用的强度理论

强度理论	引起破坏的主因及条件	相当应力及强度条件	主要适用范围
第一强度理论（最大拉应力理论）	主应力 σ_1 达到单向应力状态破坏时的正应力	$\sigma_{r1} = \sigma_1 \leqslant [\sigma]$	脆性材料的断裂破坏
第二强度理论（最大拉应变理论）	主应变 ε_1 达到单向应力状态破坏时的最大正应变	$\sigma_{r2} = \sigma_1 - \nu(\sigma_2 + \sigma_3) \leqslant [\sigma]$	脆性材料的断裂破坏
第三强度理论（最大剪应力理论）	最大剪应力 τ_{max} 达到单向应力状态破坏时的最大剪应力	$\sigma_{r3} = \sigma_1 - \sigma_3 \leqslant [\sigma]$	塑性材料的屈服破坏
第四强度理论（形状改变比能理论）	形状改变比能 u_d 达到单向应力状态破坏时的形状改变比能	$\sigma_{r4} = \sqrt{\frac{1}{2}\left[(\sigma_1 - \sigma_2)^2 + (\sigma_2 - \sigma_3)^2 + (\sigma_3 - \sigma_1)^2\right]} \leqslant [\sigma]$	塑性材料的屈服破坏

（二）四种基本变形的强度计算

四种基本变形的强度计算见表4-4。

表4-4　四种基本变形的强度计算

基本变形	强度条件
轴向拉（压）	$\sigma_{\max} = \dfrac{N_{\max}}{A} \leqslant [\sigma]$
剪切（连接件）	剪切强度条件：$\tau = \dfrac{Q}{A_Q} \leqslant [\tau]$ 挤压强度条件：$\sigma_c = \dfrac{F_c}{A_c} \leqslant [\sigma_c]$ 拉伸强度条件：$\sigma = \dfrac{N}{A_净} \leqslant [\sigma]$
扭转（圆轴）	$\tau_{\max} = \dfrac{M_{x\max}}{W_\rho} \leqslant [\tau]$
平面弯曲	$\sigma_{\max} = \dfrac{M_{z\max}}{W_z} \leqslant [\sigma]$　$\tau_{\max} = \dfrac{Q_{\max} S_{z\max}^*}{I_z b} \leqslant [\tau]$

注：如果梁的材料是脆性材料，其抗拉和抗压许用应力不同，为了充分利用材料，通常将梁的横截面做成与中性轴不对称形状，则应分别对拉应力和压应力进行强度计算。

（三）组合变形的强度计算

组合变形的强度计算见表4-5。

表4-5　组合变形的强度计算

组合变形	强度条件
斜弯曲	$\sigma_{\max}^{\pm} = \pm \dfrac{M_{z\max}}{W_z} \pm \dfrac{M_{y\max}}{W_y} \leqslant [\sigma^{\pm}]$
拉（压）弯	$\sigma_{\max}^{\pm} = \pm \dfrac{N_{\max}}{A} \pm \dfrac{M_{\max}}{W_z} \leqslant [\sigma^{\pm}]$
偏心拉（压）	$\sigma_{\max}^{\pm} = \pm \dfrac{F}{A} \pm \dfrac{Fe}{W_z} \leqslant [\sigma^{\pm}]$

续表4-5

组合变形	强度条件
弯扭(圆轴)	按第三强度理论: $$\sigma_{r3} = \sqrt{\sigma^2 + 4\tau^2} \leqslant [\sigma] \text{ 或 } \sigma_{r3} = \frac{\sqrt{M^2 + M_x^2}}{W} \leqslant [\sigma]$$ 按第四强度理论: $$\sigma_{r4} = \sqrt{\sigma^2 + 3\tau^2} \leqslant [\sigma] \text{ 或 } \sigma_{r4} = \frac{\sqrt{M^2 + 0.75M_x^2}}{W} \leqslant [\sigma]$$

注:1.利用强度条件可以解决强度校核、截面设计和确定许用荷载三个方面的问题。

2.强度校核一般可将其精简为"反、内、应、核"四个步骤,"反"就是计算支座反力,"内"就是计算危险截面的内力,"应"就是计算危险点的应力,"核"就是校核强度。

三、刚度计算

(一)轴向拉(压)变形杆件的刚度条件

$$\Delta l = \frac{Nl}{EA} \leqslant [\Delta l]$$

式中　Δl——杆件的变形;

N——轴力;

l——杆件原长;

EA——杆件的抗拉(压)刚度;

$[\Delta l]$——许用变形。

(二)扭转(圆轴)变形杆件的刚度条件

等直圆杆:

$$\theta_{max} = \frac{M_{xmax}}{GI_\rho} \cdot \frac{180}{\pi} \leqslant [\theta](°/m)$$

式中　θ_{max}——最大单位长度扭转角;

M_{xmax}——最大扭矩;

GI_ρ——抗扭刚度;

$[\theta]$——许用单位长度扭转角。

(三)平面弯曲变形杆件的刚度条件

$$\frac{y_{max}}{l} \leqslant \left[\frac{f}{l}\right]$$

$$\theta_{\max} \leqslant [\theta]$$

式中　$y_{\max}$——梁中最大挠度；

　　　l——梁的跨长；

　　　$\left[\dfrac{f}{l}\right]$——许用单位跨长挠度；

　　　$\theta_{\max}$——梁中横截面最大转角；

　　　$[\theta]$——许用转角。

　　在一般工程设计中,强度能满足要求,刚度条件也能满足。除扭转变形外,其他的变形在设计中,强度设计属于主要设计,而刚度设计常处于从属位置。

　　注意:轴向拉(压)应变、单位长度扭转角和弯曲的曲率计算公式分别为:$\varepsilon = \dfrac{N}{EA}$,$\theta = \dfrac{M_x}{GI_\rho}$、$\dfrac{1}{\rho} = \dfrac{M_z}{EI_z}$,均可表示为:变形(应变)$= \dfrac{内力}{刚度}$。

四、稳定性计算

(一)临界力与临界应力

1. 细长压杆(大柔度杆)的临界力和临界应力($\lambda \geqslant \lambda_p = \sqrt{\dfrac{\pi^2 E}{\sigma_p}}$)

$$F_{cr} = \frac{\pi^2 EI}{(\mu l)^2}$$

式中　F_{cr}——压杆的临界力；

　　　E——压杆材料的弹性模量；

　　　I——弯曲方向横截面对中性轴的惯性矩；

　　　l——压杆的长度；

　　　μ——长度系数,反映了压杆两端支承对临界力的影响；

　　　μl——相当长度。

$$\sigma_{cr} = \frac{\pi^2 E}{\lambda^2}$$

式中　σ_{cr}——压杆的临界应力；

　　　$\lambda = \dfrac{\mu l}{i}$——压杆的柔度(长细比),反映压杆的柔软程度；

$$i = \sqrt{\frac{I}{A}}$$ ——截面的惯性半径,为截面的几何性质。

2. 中长杆(中柔度杆)的临界力和临界应力($\lambda_0 \leqslant \lambda < \lambda_p$)

$$\sigma_{cr} = a - b\lambda$$

式中 a、b——与材料有关的常数,由试验确定,常用材料可查表;

λ_0——应用直线型公式时 λ 的最低界限,λ_0 所对应的临界应力

等于材料的极限应力 σ^0(塑性材料的屈服极限 σ_s,脆性

材料的强度极限 σ_b),即 $\lambda_0 = \dfrac{a - \sigma^0}{b}$。

还可以采用抛物线公式计算临界应力。

$$F_{cr} = \sigma_{cr} A$$

式中 A——截面面积。

3. 粗短杆(小柔度杆)的临界力和临界应力($\lambda < \lambda_0$)

这类杆往往因强度不够而破坏,应按强度问题处理,即 $\sigma_{cr} = \sigma^0$。

(二)压杆的稳定计算

1. 安全系数法

$$F \leqslant [F_{cr}] = \frac{F_{cr}}{n_{st}}$$

式中 F——工作时的轴向压力;

$[F_{cr}]$——许用临界力;

n_{st}——设计要求的稳定安全系数。

2. 折减系数法

$$\sigma = \frac{N}{A} \leqslant [\sigma_{cr}] = \varphi[\sigma]$$

式中 σ——工作应力;

$[\sigma_{cr}]$——许用临界应力;

φ——小于 1 的系数,称为折减系数(或稳定系数),随材料和柔

度的不同而变化;

$[\sigma]$——强度许用应力。

第二节　第一层次习题精选及分析解答

一、习题精选

1. 如图4-5所示,一轴向受拉杆,已知拉力 $F = 100$ kN,横截面面积 $A = 1\ 000$ mm^2。试求 $\alpha = 30°$ 和 $\alpha = 120°$ 两个正交截面上的应力。

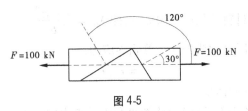

图 4-5

2. 如图4-6所示,轴向受拉等截面杆,横截面面积 $A = 500$ mm^2,载荷 $F = 50$ kN。试求图示斜截面 m—m 上的正应力与剪应力,以及杆内的最大正应力与最大剪应力。

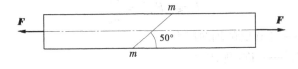

图 4-6

3. 矿井起重机钢绳如图4-7所示,AB 段横截面面积 $A_1 = 300$ mm^2,BC 段横截面面积 $A_2 = 400$ mm^2,钢绳的单位体积重量 $\gamma = 28$ kN/m^3,长度 $l = 50$ m,起吊重物的重量 $P = 12$ kN。求钢绳内的最大应力。

4. 已知应力状态如图4-8所示,应力单位为 MPa。试用解析法和应力圆分别求:(1)主应力大小,主平面位置;(2)在单元体上绘出主平面位置及主应力方向;(3)最大切应力。

5. 如图4-9所示应力状态应力单位为 MPa,试用解析法和应力圆求出指定斜截面上的应力。

6. 如图 4-10 所示,列车通过钢桥时,用变形仪测得钢桥横梁 A 点的应变为 $\varepsilon_x = 0.000\ 4, \varepsilon_y = -0.000\ 12$。试求 A 点在 x 和 y 方向的正应力。设 $E = 200$ GPa, $\nu = 0.3$。

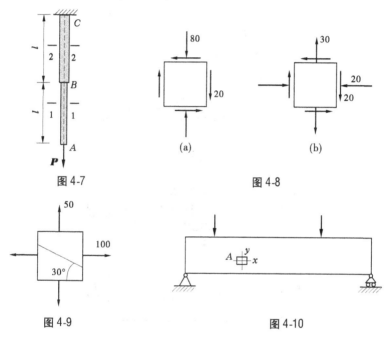

图 4-7   图 4-8

图 4-9   图 4-10

7. 某材料的 $\sigma - \varepsilon$ 曲线如图 4-11 所示,图中还同时画出了低应变区的详图。试确定材料的弹性模量 E、比例极限 σ_p、屈服极限 σ_s、强度极限 σ_b 与延伸率 δ,并判断该材料属于何种类型(塑性或脆性材料)。

8. 一铆接头如图 4-12 所示,受力 $F = 110$ kN,已知钢板厚度 $t = 1$ cm,宽度 $b = 8.5$ cm,许用拉应力 $[\sigma] = 160$ MPa;铆钉的直径 $d = 1.6$ cm,许用剪应力 $[\tau] = 140$ MPa,许用挤压应力 $[\sigma_c] = 320$ MPa,试校核铆接头的强度。(假定每个铆钉受力相等)

9. 如图 4-13 所示,一个三角形托架,已知杆 AC 为圆截面钢杆,许用应力 $[\sigma] = 170$ MPa;杆 BC 为正方形截面木杆,许用应力 $[\sigma] = 12$ MPa;荷载 $F = 60$ kN。试选择钢杆的直径 d 和木杆的边长 a。

10. 求图 4-14 所示的平面图形中阴影部分对 z 轴的静矩。

11. 求图 4-15 所示的平面图形对 z、y 轴的惯性矩。

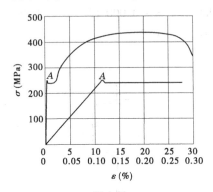

图 4-11

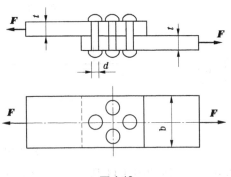

图 4-12

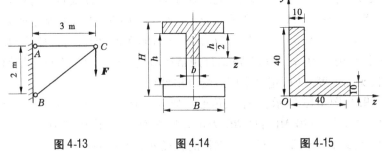

图 4-13　　　　　图 4-14　　　　　图 4-15

12. 两根不同材料的等截面直杆,它们的截面面积和长度都相等,承受相等的轴力。试说明：

(1)两杆的绝对变形和相对变形是否相等？

(2)两杆横截面上的压力是否相等？

(3)两杆强度是否相等？

13.一铸铁简支梁如图 4-16 所示。当其横截面分别按图示两种情况放置时，哪种情况合理？简述理由。

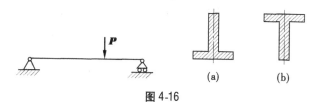

(a)　　　　　(b)

图 4-16

14.如图 4-17 所示阶梯轴，直径分别为 $d_1 = 40$ mm，$d_2 = 70$ mm，已知轮 3 输入的功率 $P_3 = 30$ kW，轮 1 输出的功率 $P_1 = 13$ kW。轴做匀速转动，转速 $n = 200$ r/min。若轴材料的许用扭转剪应力 $[\tau] = 60$ MPa，许用单位长度扭转角 $[\theta] = 2°/\text{m}$，$G = 80$ GPa。试校核该轴的强度和刚度。

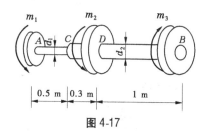

0.5 m　0.3 m　　1 m

图 4-17

15.矩形($b \times h = 0.12$ m $\times 0.18$ m)截面木梁如图 4-18 所示。已知 $q = 3.6$ kN/m，$l = 3$ m，$[\sigma] = 7$ MPa，$[\tau] = 0.9$ MPa，试校核梁的强度。

16.矩形截面悬臂梁如图 4-19 所示，已知 $b \times h = 10$ cm $\times 20$ cm，许用单位跨长挠度值 $\left[\dfrac{f}{l}\right] = \dfrac{1}{250}$，材料的许用正应力 $[\sigma] = 120$ MPa，弹性模量 $E = 2 \times 10^5$ MPa。试校核该梁的强度和刚度。

17.一简支梁荷载如图 4-20 所示。已知材料的许用应力 $[\sigma] =$

160 MPa，许用挠度$[f]=l/500$，弹性模量$E=200$ GPa，试选择工字钢的型号。

18. 试计算图 4-21 所示刚架截面 A 的水平和铅垂位移。设抗弯刚度 EI 为常数。

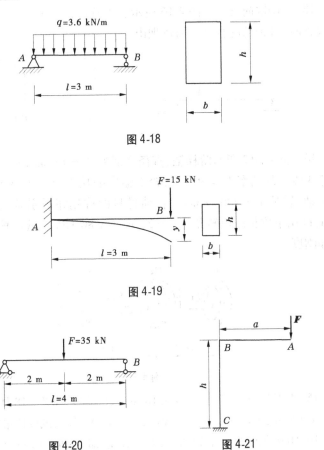

图 4-18

图 4-19

图 4-20

图 4-21

19. 如图 4-22 所示悬臂梁，承受均布载荷 q 与集中载荷 ql 作用。试计算梁端的挠度及其方向，材料的弹性模量为 E。

20. 已知钢轨与火车车轮接触点处的正应力 $\sigma_1 = -650$ MPa，$\sigma_2 = -700$ MPa，$\sigma_3 = -900$ MPa。若钢轨的许用应力$[\sigma]=250$ MPa。试按

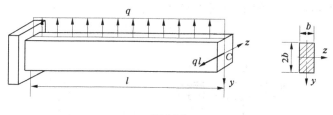

图 4-22

第三强度理论与第四强度理论校核其强度。

21.简易起重机如图 4-23 所示。最大吊重 $P = 8$ kN,若 AB 杆为工字钢,A3 钢的 $[\sigma] = 100$ MPa,试选择工字钢的型号。

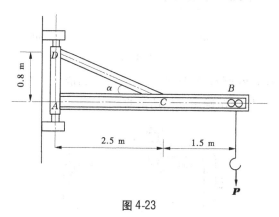

图 4-23

22. 如图 4-24 所示,矩形截面钢杆,用应变片测得其上、下表面的轴向正应变分别为 $\varepsilon_a = 1.0 \times 10^{-3}$ 与 $\varepsilon_b = 0.4 \times 10^{-3}$,材料的弹性模量 $E = 210$ GPa。试绘横截面上的正应力分布图,并求拉力 F 及偏心距 e 的数值。

图 4-24

23. 拆卸工具的爪如图 4-25 所示,由 45 号钢制成,其许用应力 $[\sigma] = 180$ MPa。试按爪的强度,确定工具的最大顶压力 F_{max}。

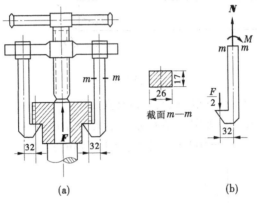

(a)   (b)

截面 m—m

图 4-25

24. 如图 4-26 所示,钻床的立柱由铸铁制成,$F = 15$ kN,许用拉应力 $[\sigma_t] = 35$ MPa。试确定立柱所需直径 d。

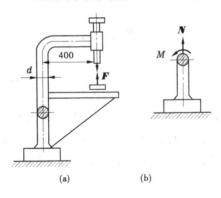

(a)   (b)

图 4-26

25. 如图 4-27 所示,校核木柱稳定性。已知 $l = 6$ m,圆截面 $d = 20$ cm,两端铰接,轴向压力 $F = 50$ kN,木材许用应力 $[\sigma] = 10$ MPa。

26. 如图 4-28 所示,求钢柱的许用荷载 $[F]$。已知钢柱由两根 10 号槽钢组成,$l = 10$ m,两端固定,$[\sigma] = 140$ MPa。

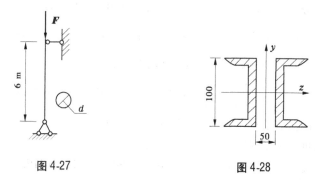

图 4-27   图 4-28

27. 如图 4-29 所示,各杆材料和截面均相同,试问杆能承受的压力哪根最大? 哪根最小? (图(f)所示杆在中间支承处不能转动)

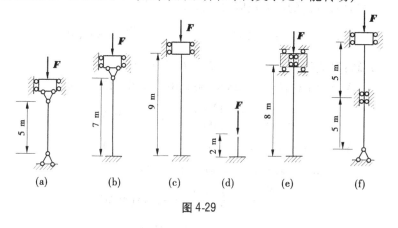

图 4-29

二、分析解答

1. 解:(1)横截面上正应力计算。

$$\sigma_0 = N/A = F/A = 100 \text{ MPa}$$

(2)30°斜截面上的应力计算。

$$\sigma_{30°} = \sigma_0 \cdot \cos^2\alpha = 100 \times \cos^2 30° = 75(\text{MPa})$$

$$\tau_{30°} = \frac{1}{2}\sigma_0 \sin 2\alpha = \frac{1}{2} \times 100 \times \sin(2 \times 30°) = 43.3(\text{MPa})$$

(3)120°斜截面上的应力计算。

$$\sigma_{120°} = \sigma_0 \cdot \cos^2\alpha = 100 \times \cos^2 120° = 25(\text{MPa})$$

$$\tau_{120°} = \frac{1}{2}\sigma_0 \cdot \sin2\alpha = \frac{1}{2} \times 100 \times \sin(2 \times 120°) = -43.3(\text{MPa})$$

2.解:(1)计算该拉杆横截面上的正应力。

$$\sigma_0 = \frac{F}{A} = \frac{50 \times 10^3}{500 \times 10^{-6}} = 1.00 \times 10^8(\text{Pa}) = 100\ \text{MPa}$$

(2)计算斜截面 m—m 的正应力与剪应力。

斜截面 m—m 的方位角 $\alpha = -50°$,故有

$$\sigma_{-50°} = \sigma_0\cos^2\alpha = 100 \times \cos^2(-50°) = 41.3(\text{MPa})$$

$$\tau_{-50°} = \frac{\sigma_0}{2}\sin2\alpha = \frac{1}{2} \times 100 \times \sin[2 \times (-50°)] = -49.2(\text{MPa})$$

(3)计算杆内的最大正应力与最大剪应力。

$$\sigma_{\max} = \sigma_0 = 100\ \text{MPa} \qquad \tau_{\max} = \frac{\sigma_0}{2} = 50\ \text{MPa}$$

3.解:对危险的 1 段 B 截面,2 段 C 截面计算。

$$N_B = P + \gamma A_1 l = 12 + 28 \times 300 \times 10^{-6} \times 50 = 12.42(\text{kN})$$

$$\sigma_B = \frac{N_B}{A_1} = \frac{12.42 \times 10^3}{300} = 41.4(\text{MPa})$$

$$N_C = P + \gamma A_1 l + \gamma A_2 l = 12 + 28 \times 300 \times 10^{-6} \times 50 +$$

$$28 \times 400 \times 10^{-6} \times 50 = 12.98(\text{kN})$$

$$\sigma_C = \frac{N_C}{A_2} = \frac{12.98 \times 10^3}{400} = 32.45(\text{MPa})$$

故　　　　　　　　　$$\sigma_{\max} = \sigma_B = 41.4\ \text{MPa}$$

4.(a)解:(1)确定主平面位置和主应力大小。

应力分量:$\sigma_x = 0$　　　$\sigma_y = -80\ \text{MPa}$　　　$\tau_x = 20\ \text{MPa}$

则主平面位置和主应力大小为

$$\tan2\alpha_0 = -\frac{2\tau_x}{\sigma_x - \sigma_y} = -\frac{2 \times 20}{0 - (-80)} = -0.5$$

得　　　　　　　　　$$\alpha_0 = -13.3° \qquad \alpha_0 + 90° = 76.7°$$

$$\begin{cases} \sigma_{\max} \\ \sigma_{\min} \end{cases} = \frac{\sigma_x + \sigma_y}{2} \pm \sqrt{\left(\frac{\sigma_x - \sigma_y}{2}\right)^2 + \tau_x^2}$$

$$= \frac{-80}{2} \pm \sqrt{\left(\frac{80}{2}\right)^2 + 20^2} = \begin{cases} 4.7(\text{MPa}) \\ -84.7(\text{MPa}) \end{cases}$$

得　　　　$\sigma_1 = 4.7\ \text{MPa}$　　　　$\sigma_2 = 0$　　　　$\sigma_3 = -84.7\ \text{MPa}$

（2）绘主平面位置及主应力方向。

$\sigma_x > \sigma_y$，α_0 面对应 $\sigma_{\max}$，如图 4-30 所示。

（3）计算最大剪应力。

$$\tau_{\max} = \frac{\sigma_1 - \sigma_3}{2} = \frac{4.7 + 84.7}{2} = 44.7(\text{MPa})$$

（4）绘应力圆。

绘应力圆如图 4-31 所示。

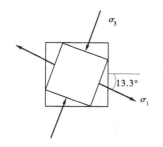
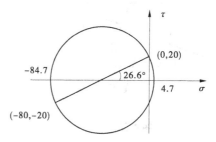

图 4-30　　　　　　　　　　　　　　　　　　图 4-31

（b）**解**：（1）确定主平面位置和主应力大小。

应力分量：$\sigma_x = -20\ \text{MPa}$　　　　$\sigma_y = 30\ \text{MPa}$　　　　$\tau_x = 20\ \text{MPa}$

则主平面位置和主应力大小为

$$\tan 2\alpha_0 = -\frac{2\tau_x}{\sigma_x - \sigma_y} = -\frac{2 \times 20}{-20 - 30} = 0.8$$

得　　　　$\alpha_0 = 19.3°$　　　　$\alpha_0 + 90° = 109.3°$

$$\begin{cases} \sigma_{\max} \\ \sigma_{\min} \end{cases} = \frac{\sigma_x + \sigma_y}{2} \pm \sqrt{\left(\frac{\sigma_x - \sigma_y}{2}\right)^2 + \tau_x^2}$$

$$= \frac{-20 + 30}{2} \pm \sqrt{\left(\frac{-20 - 30}{2}\right)^2 + 20^2} = \begin{cases} 37(\text{MPa}) \\ -27(\text{MPa}) \end{cases}$$

得:　　　　　　$\sigma_1 = 37$ MPa　　　$\sigma_2 = 0$　　　$\sigma_3 = -27$ MPa

（2）绘主平面位置及主应力方向。

$\sigma_x > \sigma_y$, α_0 面对应 $\sigma_{\min}$, 如图 4-32 所示。

（3）计算最大剪应力。

$$\tau_{\max} = \frac{\sigma_1 - \sigma_3}{2} = \frac{37 + 27}{2} = 32(\text{MPa})$$

（4）绘应力圆。

绘应力圆如图 4-33 所示。

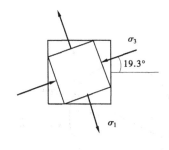

图 4-32

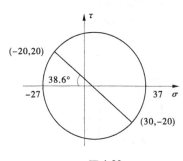

图 4-33

5. 解:（1）应力分量。

　　$\sigma_x = 100$ MPa　　　$\sigma_y = 50$ MPa　　　$\tau_x = 0$　　　$\alpha = 60°$

（2）用解析法求斜截面的应力。

$$\sigma_\alpha = \frac{\sigma_x + \sigma_y}{2} + \frac{\sigma_x - \sigma_y}{2}\cos2\alpha - \tau_x\sin2\alpha$$

$$= \frac{100 + 50}{2} + \frac{100 - 50}{2} \times \cos120° = 62.5(\text{MPa})$$

$$\tau_\alpha = \frac{\sigma_x - \sigma_y}{2}\sin2\alpha + \tau_x\cos2\alpha$$

$$= \frac{100 - 50}{2} \times \sin120° = 21.7(\text{MPa})$$

（3）绘应力圆求斜截面的应力。

绘应力圆如图 4-34 所示,由应力圆可知: $\sigma_\alpha = 62.5$ MPa, $\tau_\alpha = 21.7$ MPa。

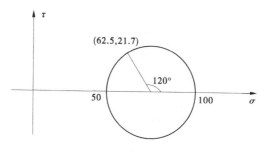

图 4-34

6. 解: 根据广义虎克定律得

$$\varepsilon_x = \frac{1}{E}(\sigma_x - \nu\sigma_y) \qquad \varepsilon_y = \frac{1}{E}(\sigma_y - \nu\sigma_x)$$

解得

$$\sigma_x = \frac{E}{1 - \nu^2}(\varepsilon_x + \nu\varepsilon_y) = \frac{200 \times 10^3}{1 - 0.3^2} \times (0.0004 - 0.3 \times 0.00012)$$

$$= 80(\text{MPa})$$

$$\sigma_y = \frac{E}{1 - \nu^2}(\varepsilon_y + \nu\varepsilon_x) = \frac{200 \times 10^3}{1 - 0.3^2} \times (-0.00012 + 0.3 \times 0.0004)$$

$$= 0$$

7. 解: 由图 4-11 可以近似确定所求各量

$$E = \frac{\Delta\sigma}{\Delta\varepsilon} \approx \frac{220 \times 10^6}{0.001} = 220 \times 10^9(\text{Pa}) = 220 \text{ GPa}$$

$$\sigma_p \approx 220 \text{ MPa}, \quad \sigma_s \approx 240 \text{ MPa}$$

$$\sigma_b \approx 440 \text{ MPa}, \quad \delta \approx 29.7\%$$

该材料属于塑性材料。

8. 解: (1)校核铆接头的剪切强度。

如图 4-35 所示,每个铆钉受力为 $F/4 = 110/4 = 27.5(\text{kN})$,则每个铆钉剪切面上的剪力为 $Q = 27.5 \text{ kN}$。

$$\tau = \frac{Q}{A} = \frac{4 \times 27.5 \times 10^3}{3.14 \times 1.6^2 \times 10^2} = 136.8(\text{MPa}) \leqslant [\tau] = 140 \text{ MPa}$$

故铆接头的剪切强度满足要求。

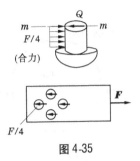

图 4-35

（2）校核铆接头的挤压强度。

铆接头挤压如图 4-36 所示。

$$\sigma_c = \frac{F_c}{A_c} = \frac{27.5 \times 10^3}{1 \times 1.6 \times 10^2} = 171.9(\text{MPa}) \leqslant [\sigma_c] = 320 \text{ MPa}$$

故铆接头挤压强度满足要求。

（3）校核铆接头的拉伸强度。

铆接头拉伸如图 4-37 所示，由钢板 N 图可知钢板的 2—2 和 3—3 面为危险截面。

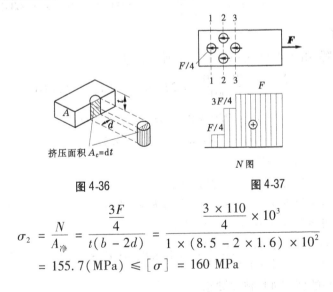

图 4-36　　　　　　　　图 4-37

$$\sigma_2 = \frac{N}{A_\text{净}} = \frac{\dfrac{3F}{4}}{t(b-2d)} = \frac{\dfrac{3 \times 110}{4} \times 10^3}{1 \times (8.5 - 2 \times 1.6) \times 10^2}$$

$$= 155.7(\text{MPa}) \leqslant [\sigma] = 160 \text{ MPa}$$

$$\sigma_3 = \frac{P}{t(b-d)} = \frac{110 \times 10^3}{1 \times (8.5 - 1.6) \times 10^2} = 159.4(\text{MPa}) \leqslant [\sigma]$$

$$= 160 \text{ MPa}$$

故铆接头的拉伸强度满足要求。

9. 解: (1) 计算轴力。

如图4-38所示,取 C 点为脱离体,列平衡方程为

$$\sum F_x = -N_1 - N_2 \times \frac{3}{\sqrt{13}} = 0$$

$$\sum F_y = -F - N_2 \times \frac{2}{\sqrt{13}} = 0$$

得 $\qquad N_1 = 90 \text{ kN}(\text{拉}); N_2 = -108.2 \text{ kN}(\text{压})$

(2) 由强度条件设计截面尺寸。

$$AC \text{杆}: A_1 \geqslant \frac{N_1}{[\sigma_1]} \rightarrow \frac{\pi d^2}{4} \geqslant \frac{90 \times 10^3}{170} \rightarrow d \geqslant 25.97 \text{ mm}$$

$$BC \text{杆}: A_2 \geqslant \frac{N_2}{[\sigma_2]} \rightarrow a^2 \geqslant \frac{108.2 \times 10^3}{12} \rightarrow a \geqslant 94.96 \text{ mm}$$

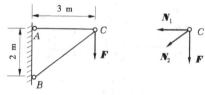

图 4-38

10. 解: $S_z = S_{z\text{I}} + S_{z\text{II}}$

$$= \frac{1}{2}B(H-h) \cdot \frac{1}{2}\left(h + \frac{H-h}{2}\right) + b \cdot \frac{h}{2} \cdot \frac{h}{4}$$

$$= \frac{1}{8}B(H^2 - h^2) + \frac{1}{8}bh^2$$

$$= \frac{1}{8}BH^2 - \frac{1}{8}(B-b)h^2$$

11. 解: $I_z = I_{z\text{I}} + I_{z\text{II}} = \frac{10 \times 40^3}{12} + 10 \times 40 \times 20^2 + \frac{30 \times 10^3}{12} +$

$$30 \times 10 \times 5^2 = 2.233 \times 10^5 (\text{mm}^4)$$

$$I_y = I_z = 2.233 \times 10^5 (\text{mm}^4)$$

12. 解:(1)不相等。

(2)相等。

(3)不相等。

13. 解:图(a)布置合理。铸铁是脆性材料,该梁受载荷作用后,梁产生向下弯曲,故中性轴以下部分承受拉力,加大承受拉力部分的截面积,可提高强度。

14. 解:(1)计算外力偶矩。

$$m_1 = 9.55 \frac{P_1}{n} = 9.55 \times \frac{13}{200} = 0.62 (\text{kN} \cdot \text{m})$$

$$m_3 = 9.55 \frac{P_3}{n} = 9.55 \times \frac{30}{200} = 1.43 (\text{kN} \cdot \text{m})$$

$$m_2 = m_3 - m_1 = 0.81 (\text{kN} \cdot \text{m})$$

(2)绘扭矩图。

扭矩图如图 4-39 所示。

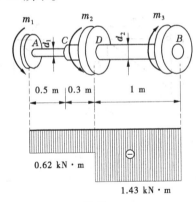

M_x图

图 4-39

(3)强度校核。

AC 段 $\tau_{\max} = \dfrac{M_x}{W_\rho} = \dfrac{0.62 \times 10^6}{\dfrac{\pi}{16} \times 40^3} = 49.4(\text{MPa}) \leqslant [\tau] = 60\ \text{MPa}$

BD 段 $\tau_{\max} = \dfrac{M_x}{W_\rho} = \dfrac{1.43 \times 10^6}{\dfrac{\pi}{16} \times 70^3} = 21.2(\text{MPa}) \leqslant [\tau] = 60\ \text{MPa}$

计算结果表明,强度符合要求。

(4)刚度校核。

AC 段 $\theta_{\max} = \dfrac{M_x}{GI_\rho} \cdot \dfrac{180}{\pi} = \dfrac{0.62 \times 10^3}{80 \times 10^9 \times \dfrac{\pi}{32} \times 40^4 \times 10^{-12}} \times \dfrac{180}{\pi}$

$$= 1.77\ (°/\text{m}) \leqslant [\theta] = 2\ °/\text{m}$$

BD 段 $\theta_{\max} = \dfrac{M_x}{GI_\rho} \cdot \dfrac{180}{\pi} = \dfrac{1.43 \times 10^3}{80 \times 10^9 \times \dfrac{\pi}{32} \times 70^4 \times 10^{-12}} \times \dfrac{180}{\pi}$

$$= 0.435(°/\text{m}) \leqslant [\theta] = 2\ °/\text{m}$$

计算结果表明,刚度也符合要求。

15. 解:(1)计算支座反力。

$$F_{Ay} = F_{By} = \frac{ql}{2} = \frac{3.6 \times 3}{2} = 5.4(\text{kN})\ (\uparrow)$$

(2)绘内力图求危险截面的内力。

Q 图和 M 图如图 4-40 所示。

$$M_{\max} = \frac{1}{8}ql^2 = \frac{1}{8} \times 3.6 \times 3^2 = 4.05(\text{kN} \cdot \text{m})$$

(3)正应力强度校核。

$$\sigma_{\max} = \frac{M_{z\max}}{W_z} = \frac{4.05 \times 10^3}{\dfrac{0.12 \times 0.18^2}{6}} \times 10^{-6} = 6.25(\text{MPa})$$

$$< [\sigma] = 7\ \text{MPa}$$

(4)剪应力强度校核。

$$\tau_{\max} = 1.5\frac{Q_{\max}}{A} = \frac{1.5 \times 5.4 \times 10^3}{0.12 \times 0.18} \times 10^{-6} = 0.375(\text{MPa})$$

$$< [\tau] = 0.9\ \text{MPa}$$

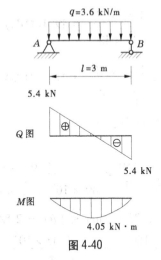

图 4-40

综上,梁的强度满足要求。

16. 解:(1)强度校核。

M 图如图 4-41 所示,得

$$M_{\max} = Fl = 15 \times 3 = 45(\text{kN} \cdot \text{m})$$

$$W_z = \frac{bh^2}{6} = \frac{10 \times 20^2}{6} = 667(\text{cm}^3)$$

$$\sigma_{\max} = \frac{M_{\max}}{W_z} = \frac{45 \times 10^6}{667 \times 10^3} = 67.5(\text{MPa}) < [\sigma] = 120 \text{ MPa}$$

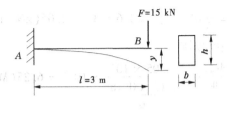

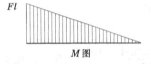

图 4-41

（2）刚度校核。

$$y = \frac{Fl^3}{3EI_z}; \qquad I_z = \frac{bh^3}{12} = \frac{10 \times 20^3}{12} = 6\,667(\text{cm}^4)$$

$$\frac{y}{l} = \frac{Fl^2}{3EI_z} = \frac{15\,000 \times 3^2}{3 \times 2 \times 10^{11} \times 6\,667 \times 10^{-8}} = \frac{1}{296} < \left[\frac{f}{l}\right] = \frac{1}{250}$$

结论：该梁满足强度和刚度要求。

17. **解**：（1）作出梁的弯矩图。

M 图如图 4-42 所示，得

$$M_{\max} = \frac{Fl}{4} = \frac{35 \times 10^3 \times 4}{4}$$

$$= 35 \times 10^3(\text{N} \cdot \text{m})$$

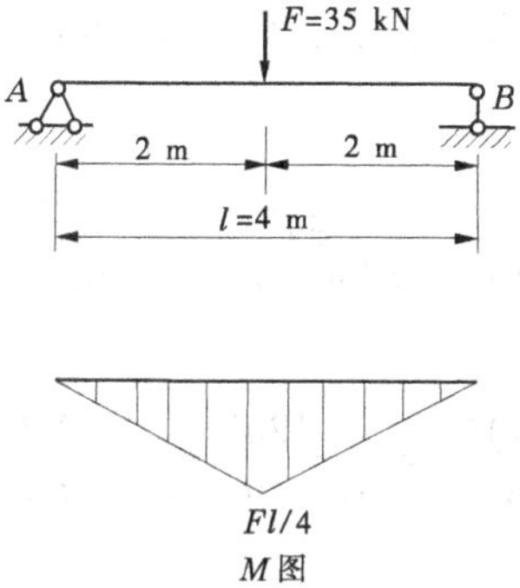

图 4-42

（2）根据弯曲正应力强度条件计算。

$$W_z \geqslant \frac{M_{\max}}{[\sigma]} = \frac{35 \times 10^3}{160 \times 10^6}$$

$$= 2.19 \times 10^{-4}(\text{m}^3)$$

（3）根据梁的刚度条件计算。

$$\frac{Fl^3}{48EI_z} \leqslant \frac{l}{500}$$

解得 $\quad I_z \geqslant \frac{500Fl^2}{48E} = \frac{500 \times 35 \times 10^3 \times 4^2}{48 \times 200 \times 10^9} = 2.92 \times 10^{-5}(\text{m}^4)$

由型钢表中查得，22a 工字钢的弯曲截面系数 $W_z = 3.09 \times 10^{-4}$

m^3,惯性矩 $I_z = 3.40 \times 10^{-5}\ \text{m}^4$,可见选择 22a 工字钢作梁将同时满足强度和刚度要求。

18.解:用叠加法来求 Δ_x 和 Δ_y。

杆段 BC 在力矩 Fa 作用下产生水平位移 Δ_B 和转角 θ_B,其值分别为

$$\Delta_B = \frac{Fah^2}{2EI}(\rightarrow)$$

$$\theta_B = \frac{Fah}{EI}(\curvearrowright)$$

由此可得 A 截面的两个位移分量为:

$$\Delta_x = \Delta_B = \frac{Fah^2}{2EI}(\rightarrow)$$

$$\Delta_y = \frac{Fa^3}{3EI} + \theta_B a = \frac{Fa^2}{3EI}(a + 3h)(\downarrow)$$

19.解:(1)计算 Δ_y。

$$\Delta_y = \frac{ql^4}{8EI_z} = \frac{12ql^4}{8Eb(2b)^3} = \frac{3ql^4}{16Eb^4}(\downarrow)$$

(2)计算 Δ_z。

$$\Delta_z = \frac{(ql)l^3}{3EI_y} = \frac{12ql^4}{3E \cdot 2b \cdot b^3} = \frac{2ql^4}{Eb^4}(\leftarrow)$$

(3)计算总挠度 Δ。

梁端的总挠度为:

$$\Delta = \sqrt{\Delta_y^2 + \Delta_z^2} = \frac{ql^4}{Eb^4}\sqrt{\left(\frac{3}{16}\right)^2 + 2^2} = \frac{2.01ql^4}{Eb^4}$$

其方向示如图 4-43 所示,由图可知

$$\tan\theta = \frac{\Delta_y}{\Delta_z} = \frac{3}{32}$$

$$\theta = 5.36°$$

20.解:(1)按第三强度理论校核。

$$\sigma_1 - \sigma_3 = -650 - (-900)$$

$$= 250(\text{MPa}) = [\sigma]$$

$$= 250\ \text{MPa}$$

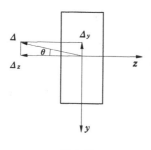

图 4-43

符合第三强度理论所提出的强度条件,即钢轨安全。

(2)按第四强度理论校核。

$$\sqrt{\frac{1}{2}\left[(\sigma_1-\sigma_2)^2+(\sigma_2-\sigma_3)^2+(\sigma_3-\sigma_1)^2\right]}$$

$$=\sqrt{\frac{1}{2}\times\left[(-650+700)^2+(-700+900)^2+(-900+650)^2\right]}$$

$$=229.129(\text{MPa})<[\sigma]=250\text{ MPa}$$

符合第四强度理论所提出的强度条件,即钢轨安全。

21.解:(1)内力计算。

如图 4-44 所示,取 AB 为脱离体,绘受力图,列平衡方程得:$T=42$ kN,绘 AB 内力图,可知

$M_{\max}=12\text{ kN}\cdot\text{m}$,在 C 截面;

$N_{\max}=40\text{ kN}$,在 AC 梁段。

(2)应力计算。

$$\sigma_{\max}^{-}=-\frac{N}{A}-\frac{M_{\max}}{W_z},\text{在 }C_{左}\text{ 截面下边缘。}$$

$$\sigma_{\max}^{+}=\frac{M_{\max}}{W_z}<|\sigma_{\max}^{-}|,\text{在 }C_{右}\text{ 截面上边缘。}$$

(3)强度计算。

设计:$W_z\geqslant\dfrac{M_{\max}}{[\sigma]}=120\text{ cm}^2$

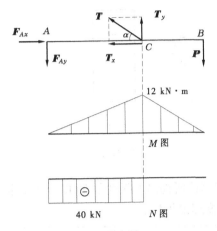

图 4-44

查表选 16 号工字钢, $W_z = 141 \text{ cm}^3, A = 26.1 \text{ cm}^2$

校核: $\sigma_{\max}^{-} = \left| -\dfrac{N}{A} - \dfrac{M_{\max}}{W_z} \right| = 100.4 \text{ MPa} < 105\% [\sigma]$

因此,可选 16 号工字钢。

22. 解:(1)杆件发生拉弯组合变形,依据虎克定律计算应力。

$$\sigma_a = \varepsilon_a \cdot E = 1.0 \times 10^{-3} \times 210 \times 10^3 = 210(\text{MPa})$$

$$\sigma_b = \varepsilon_b \cdot E = 0.4 \times 10^{-3} \times 210 \times 10^3 = 84(\text{MPa})$$

横截面上正应力分布如图 4-45 所示。

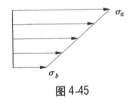

图 4-45

(2)拉力 F 及偏心距 e 的数值。

上、下表面的正应力还可表达为

$$\sigma_a = \frac{M}{W} + \frac{N}{A} = \frac{F \cdot e}{\dfrac{b \cdot h^2}{6}} + \frac{F}{b \cdot h} = 210 \text{ MPa}$$

$$\sigma_b = -\frac{M}{W} + \frac{N}{A} = -\frac{F \cdot e}{\dfrac{b \cdot h^2}{6}} + \frac{F}{b \cdot h} = 84 \text{ MPa}$$

将 b、h 数值代入上面两式,求得:$F = 18.38$ kN、$e = 1.785$ mm。

23. **解**:(1)计算内力。

这是一个拉弯变形问题,m—m 截面上的内力分量如图 4-25(b)所示。

$$N = \frac{F}{2}, M = \frac{F}{2} \times 0.032 = 0.016F$$

(2)计算危险点的应力。

$$\sigma_{max} = \frac{N}{A} + \frac{M}{W_z} = \frac{\dfrac{F}{2}}{0.026 \times 0.017} + \frac{0.016F}{\dfrac{1}{6} \times 0.017 \times 0.026^2} = 9\,485F$$

(3)确定工具的最大顶压力。

依据强度条件:$\sigma_{max} \leqslant [\sigma]$

有 $9\,485F \leqslant 180 \times 10^6$,得:$F \leqslant 19.0$ kN

故工具的最大顶压力 $F_{max} = 19.0$ kN。

24. **解**:(1)计算内力。

这是一个拉弯组合变形问题,立柱横截面上的内力分量如图 4-26(b)所示,得:

$$N = F = 15 \text{ kN}, M = 0.4F = 6(\text{kN} \cdot \text{m})$$

(2)计算横截面上的最大应力。

$$\sigma_{max} = \frac{N}{A} + \frac{M}{W} = \frac{4N}{\pi d^2} + \frac{32M}{\pi d^3} = \frac{4 \times 15 \times 10^3}{\pi d^2} + \frac{32 \times 6 \times 10^3}{\pi d^3}$$

(3)确定立柱所需直径 d。

根据强度条件:$\sigma_{max} \leqslant [\sigma_t]$,有

$$\frac{4 \times 15 \times 10^3}{\pi d^2} + \frac{32 \times 6 \times 10^3}{\pi d^3} \leqslant 35 \times 10^6$$

由上式可求得立柱的直径 $d \geqslant 0.122$ m。

25. **解**:截面的惯性半径:$i = \sqrt{\dfrac{I}{A}} = \dfrac{d}{4} = \dfrac{20}{4} = 5(\text{cm})$

两端铰支:$\mu = 1$,故 $\lambda = \dfrac{\mu l}{i} = \dfrac{1 \times 600}{5} = 120$

查表得:$\varphi = 0.209$,故 $\varphi[\sigma] = 0.209 \times 10 = 2.09$ MPa

$$\sigma = \frac{F}{A} = \frac{50\,000 \times 4}{\pi \times 200^2} = 1.59(\text{MPa}) < \varphi[\sigma] = 2.09 \text{ MPa}$$

因此木杆稳定。

26. 解:(1)查表确定 10 号槽钢截面特性。

查型钢表,$A = 12.74$ cm^2,$I_y = 25.6$ cm^4,$I_z = 198.3$ cm^4,$i_z = 3.95$ cm,$z_o = 1.52$ cm

(2)计算钢柱的许用荷载$[F]$。

$$I_{y柱} = 2 \times [25.6 + 12.74 \times (1.52 + 2.5)^2] = 463(\text{cm}^4) > I_{z柱} = I_{\min}$$

由 $\mu = 0.5$, 求柔度 $\lambda = \dfrac{\mu l}{i} = \dfrac{0.5 \times 10\,000}{39.5} = 126.6$

查 φ 值,用插值公式求得:$\varphi = 0.466 + \dfrac{0.401 - 0.466}{130 - 120} \times (126.6 - 120) = 0.423$

$$[F] = \varphi[\sigma]A = 0.423 \times 140 \times 2 \times 1\,274 = 150.9(\text{kN})$$

27. 解:压杆能承受的临界压力为:$P_{cr} = \dfrac{\pi^2 EI}{(\mu l)^2}$。由这公式可知,对于材料和截面相同的压杆,它们能承受的压力与相当长度 μl 的平方成反比,其中,μ 为与约束情况有关的长度系数。

(a)$\mu l = 1 \times 5 = 5(\text{m})$

(b)$\mu l = 0.7 \times 7 = 4.9(\text{m})$

(c)$\mu l = 0.5 \times 9 = 4.5(\text{m})$

(d)$\mu l = 2 \times 2 = 4(\text{m})$

(e)$\mu l = 1 \times 8 = 8(\text{m})$

(f)$\mu l = 0.7 \times 5 = 3.5(\text{m})$(下段);$\mu l = 0.5 \times 5 = 2.5(\text{m})$(上段)

故图 4-29(e)所示杆 F_{cr} 最小,图 4-29(f)所示杆 F_{cr} 最大。

第三节 第二层次习题精选及分析解答

一、习题精选

1. 如图 4-46 所示,二向应力状态的应力单位为 MPa。试作应力圆,并求主应力。

2. 一圆截面杆,材料的 $\sigma - \varepsilon$ 曲线如图 4-47 所示。若杆径 $d = 10$ mm,杆长 $l = 200$ mm,杆端承受轴向拉力 $F = 12$ kN 作用,试计算拉力作用时与卸去后杆的轴向变形。若轴向拉力 $F = 20$ kN,则当拉力作用时与卸去后,杆的轴向变形分别为何值。

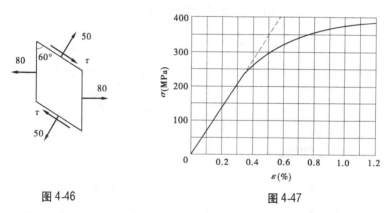

图 4-46

图 4-47

3. 如图 4-48 所示,T 字形截面,求其对形心轴的惯性矩。(单位:cm)

4. 如图 4-49 所示,两根矩形截面木杆,用两块钢板连接在一起,承受轴向载荷 $F = 45$ kN 作用。已知木杆的截面宽度 $b = 250$ mm,沿木纹方向的许用拉应力 $[\sigma] = 6$ MPa,许用挤压应力 $[\sigma_c] = 10$ MPa,许用剪应力 $[\tau] = 1$ MPa。试确定钢板的尺寸 δ 与 l 以及木杆的高度 h。

5. 结构尺寸(单位:mm)及受力如图 4-50 所示,设 AB、CD 均为刚杆,BC、EF 为直径 $d = 25$ mm 的圆截面钢杆,其许用应力 $[\sigma] = 160$ MPa,若已知荷载 $F = 39$ kN,试校核此结构强度。

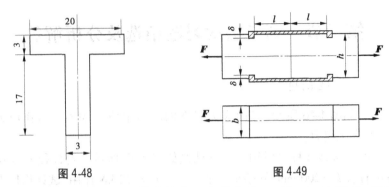

图 4-48　　　　　　　　　　　　　　　图 4-49

6. 如图 4-51 所示,计算结构中 B 点的位移。已知 AB 为钢杆,截面面积 $A_1 = 6\ \text{cm}^2$,弹性模量 $E_1 = 200\ \text{GPa}$;BC 为木杆,截面面积 $A_2 = 300$ cm^2,弹性模量 $E_2 = 10\ \text{GPa}$,荷载 $F = 88.5\ \text{kN}$。

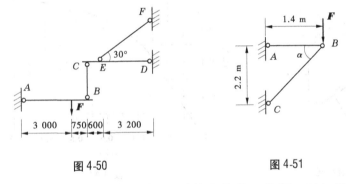

图 4-50　　　　　　　　　　　　　　图 4-51

7. 如图 4-52 所示的接头,承受轴向载荷 F 作用。已知铆钉直径 $d = 20\ \text{mm}$,许用应力 $[\sigma] = 160\ \text{MPa}$,许用剪应力 $[\tau] = 120\ \text{MPa}$,许用挤压应力 $[\sigma_c] = 340\ \text{MPa}$,板件与铆钉的材料相同。试计算接头的许可载荷。

8. 如图 4-53 所示,边长为 20 mm 的钢立方体置于钢模中,在顶面上均匀地受力 $F = 14\ \text{kN}$ 作用。已知 $\nu = 0.3$,假设钢模的变形以及立方体与钢模之间的摩擦力可略去不计。试求立方体各个面上的正应力。

9. 如图 4-54 所示的电机传动轴,传递功率为 30 kW,转速 $n = 1\ 400\ \text{r/min}$,传动轴由 45 号钢制成。剪切弹性模量 $G = 80 \times 10^3\ \text{MPa}$,

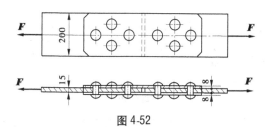

图 4-52

扭转许用剪应力 $[\tau]=40$ MPa,许用单位长度扭转角 $[\theta]=1°/m$。
(1)求轴的直径。(2)若将轴改成内、外径比值为 0.8 的空心圆轴,求
其直径,并比较实心和空心两种情况的用料。

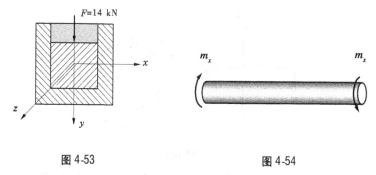

图 4-53   图 4-54

10. 如图 4-55 所示实心圆截面和空心圆环截面受扭杆件的截面面
积均等于 10 000 mm²。已知材料的许用扭转剪应力 $[\tau]=50$ MPa,试
以强度条件比较它们的抗扭承载能力。

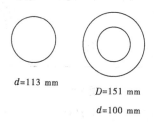

$d=113$ mm $D=151$ mm
                          $d=100$ mm

图 4-55

11. 如图 4-56 所示,两端固定的圆截面轴,承受扭力偶矩作用。试
求支座反力(力偶矩),设扭转刚度为已知常数。

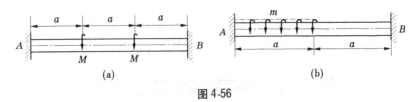

图 4-56

12. 如图 4-57 所示的二轴,用突缘与螺栓相连接,各螺栓的材料、直径相同,并均匀地排列在直径 $D = 100$ mm 的圆周上,突缘的厚度 $\delta = 10$ mm,轴所承受的扭力偶矩 $M = 5.0$ kN·m,螺栓的许用剪应力 $[\tau] = 100$ MPa,许用挤压应力 $[\sigma_c] = 300$ MPa。试确定螺栓的直径 d。

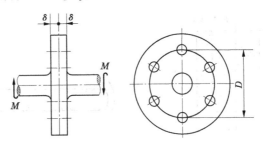

图 4-57

13. 图 4-58 为薄壁圆筒的扭转—拉伸示意图。若 $F = 20$ kN,$m_x = 600$ N·m,且 $d = 50$ mm,$\delta = 2$ mm。试求:(1)A 点在指定斜截面上的应力。(2)A 点主应力的大小及方向,并用单元体表示。

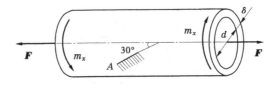

图 4-58

14. 木梁受一个可移动的荷载 F 作用,如图 4-59 所示,已知 $F = 40$ kN,木材的许用应力 $[\sigma] = 10$ MPa,许用剪应力 $[\tau] = 3$ MPa。木梁的横截面为矩形,其高宽比 $h/b = 2$。试选择此梁的截面尺寸。

15. 如图 4-60 所示,直径为 d 的圆木,现需从中切取一矩形截面梁。试问:(1)如欲使所切矩形梁的弯曲强度最高,h 和 b 应分别为何值。(2)如欲使所切矩形梁的弯曲刚度最高,h 和 b 又应分别为何值。

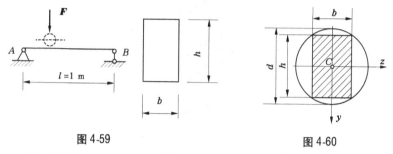

图 4-59　　　　　　　　　　图 4-60

16. 如图 4-61 所示的简支梁,由四块尺寸相同的木板胶接而成。已知载荷 $F = 4$ kN,梁跨度 $l = 400$ mm,截面宽度 $b = 50$ mm,高度 $h = 80$ mm,木板的许用应力 $[\sigma] = 7$ MPa,胶缝的许用剪应力 $[\tau] = 5$ MPa,试校核强度。

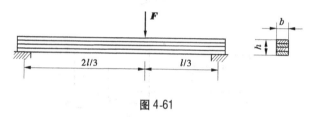

图 4-61

17. 如图 4-62 所示,矩形截面梁某截面上的弯矩和剪力分别为 $M = 10$ kN·m,$Q = 120$ kN。试绘出截面上 1、2、3、4 各点的应力状态单元体,并求其主应力。

18. 如图 4-63 所示,受内压力作用的容器,其圆筒部分任意一点 A（见图 4-63(a)）处的应力状态如图 4-64(b)所示。当容器承受最大的内压力时,用应变计测得 $\varepsilon_x = 1.88 \times 10^{-4}$,$\varepsilon_y = 7.37 \times 10^{-4}$。已知钢材的弹性模量 $E = 210$ GPa,泊松比 $\nu = 0.3$,许用应力 $[\sigma] = 170$ MPa。试按第三强度理论校核 A 点的强度。

19. 如图 4-64 所示,在受集中力偶 m_e 作用的矩形截面简支梁中,测得中性层上 k 点处沿 $45°$ 方向的线应变为 $\varepsilon_{45°}$。已知材料的弹性常数 E,ν 和梁的横截面及长度尺寸 b,h,a,d,l。试求集中力偶矩 m_e。

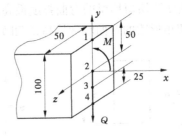

图 4-62

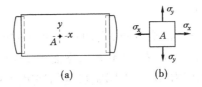

(a)　　　　　　　(b)

图 4-63

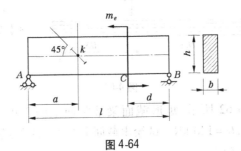

图 4-64

20. 如图 4-65 所示的板件,载荷 $F = 12$ kN,许用应力 $[\sigma] = 100$ MPa,试求板边切口的允许深度 x。($\delta = 5$ mm)

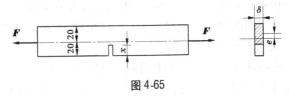

图 4-65

21. 如图 4-66 所示,砖砌烟囱高 $h = 30$ m,底截面 m—m 的外径

$d_1 = 3$ m,内径 $d_2 = 2$ m,自重 $P_1 = 2\ 000$ kN,受 $q = 1$ kN/m 的风力作用。试求：

（1）烟囱底截面上的最大压应力；

（2）若烟囱的基础埋深 $h_0 = 4$ m,基础及填土自重按 $P_1 = 1\ 000$ kN 计算,土壤的许用压应力 $[\sigma] = 0.3$ MPa,圆形基础的直径 D 应为多大？

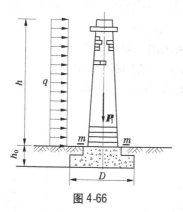

图 4-66

22. 如图 4-67 所示,电动机功率 $P = 8.83$ kW,转速 $n = 800$ r/m。皮带轮直径 $D = 250$ mm,重量 $G = 700$ N,皮带拉力为 $T_1,T_2(T_1 = 2T_2)$,轴的外伸端长 $l = 120$ mm,轴材料的许用应力 $[\sigma] = 100$ MPa。试按第四强度理论设计电动机轴的直径 d。

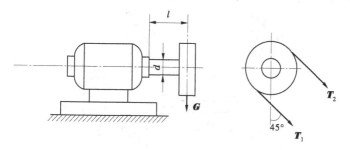

图 4-67

23. 长 5 m 的 10 号工字钢（$A = 14.33$ cm^2,$I_x = 245$ cm^4,$I_y = 32.8$ cm^4）,在温度为 0 ℃时安装在两个固定支座之间,这时杆不受力。已

知钢的线膨胀系数 $\alpha_l = 125 \times 10^{-7}(\text{℃})^{-1}, E = 210$ GPa。试问当温度升高至多少摄氏度时,杆将丧失稳定性?

24. 如图 4-68 所示的结构 ABCD 由三根直径均为 d 的圆截面钢杆组成,在 B 点铰支,而在 A 点和 C 点固定,D 为铰接点,$\dfrac{l}{d} = 10\pi$。若结构由于杆件在平面 ABCD 内弹性失稳而丧失承载能力,试确定作用于结点 D 处的荷载 F 的临界值。

25. 如图 4-69 所示的一简单托架,其撑杆 AB 为圆截面木杆。若架上受集度为 $q = 50$ kN/m 的均布荷载作用,AB 两端为柱形铰,材料的强度许用应力 $[\sigma] = 11$ MPa,试求撑杆所需的直径 d。

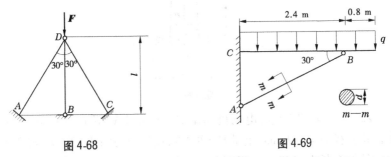

图 4-68　　　　　　　　　　　　图 4-69

26. 如图 4-70 所示,截面为 200 mm × 120 mm 的轴向受压木柱,$l = 8$ m,柱的支承情况是:在最大刚度平面内压弯时为两端铰支,如

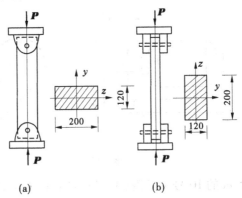

(a)　　　　　　　　(b)

图 4-70

图 4-70(a)所示;在最小刚度平面内压弯时为两端固定,如图 4-70(b)
所示。木材的弹性模量 $E = 10$ GPa,试求木柱的临界压力。

二、分析解答

1. **解**:(1)用水平面截取一部分如图 4-71 所示,计算应力分量。

由截取部分的应力状态可知: $\sigma_x = 80$ MPa, $\tau_x = 0$; $\sigma_\alpha = 50$ MPa,
$\alpha = 60°$。则

$$\sigma_\alpha = 50 = \frac{\sigma_x + \sigma_y}{2} + \frac{\sigma_x - \sigma_y}{2}\cos 2\alpha - \tau_x \sin 2\alpha$$

$$= \frac{80 + \sigma_y}{2} + \frac{80 - \sigma_y}{2}\cos 120° - 0$$

得　　　　　　　　　　　　$\sigma_y = 40$ MPa

(2)计算主应力。

$$\sigma_1 = \sigma_x = 80 \text{ MPa} \qquad \sigma_2 = \sigma_y = 40 \text{ MPa} \qquad \sigma_3 = 0$$

(3)绘应力圆。

绘应力圆如图 4-72 所示。

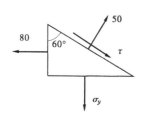

图 4-71

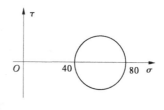

图 4-72

2. **解**:(1)轴向拉力 $F = 12$ kN。

拉力作用时,有

$$\sigma = \frac{F}{A} = \frac{4 \times 12 \times 10^3}{\pi \times 10^2} = 152.9 (\text{MPa})$$

由图 4-47 的 $\sigma - \varepsilon$ 曲线可知,此时该杆的轴向应变为

$$\varepsilon = 0.22\% = 0.002\ 2$$

轴向变形为　$\Delta l = l\varepsilon = 200 \times 0.002\ 2 = 0.44 (\text{mm})$

拉力卸去后,则轴向变形为:$\Delta l = 0$

(2)轴向拉力 $F = 20$ kN。

拉力作用时,有

$$\sigma = \frac{F}{A} = \frac{4 \times 20 \times 10^3}{\pi \times 10^2} = 255(\text{MPa})$$

查图 4-47 中 $\sigma - \varepsilon$ 曲线可知,此时的轴向应变为 $\varepsilon = 0.39\% = 0.003\,9$

轴向变形为 $\Delta l = l\varepsilon = 200 \times 0.003\,9 = 0.78(\text{mm})$

拉力卸去后,有 $\varepsilon_p = 0.000\,26$

残余轴向变形为 $\Delta l = l\varepsilon_p = 200 \times 0.000\,26 = 0.052(\text{mm})$

3. 解:(1)求形心。

任选参考坐标系 y_1 如图 4-73 所示。

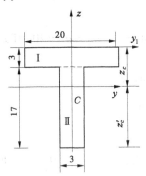

图 4-73

$$S_{y1} = A \cdot z_c$$

$$S_{y1} = S_{y1}^{\text{I}} + S_{y1}^{\text{II}} \qquad A = A_{\text{I}} + A_{\text{II}}$$

$$z_c = \frac{S_{y1}}{A} = \frac{S_{y1}^{\text{I}} + S_{y1}^{\text{II}}}{A_{\text{I}} + A_{\text{II}}}$$

$$= \frac{3 \times 20 \times (-1.5) + 3 \times 17 \times (-3 - 8.5)}{3 \times 20 + 3 \times 17}$$

$$= -6.1(\text{cm})$$

(2)求形心轴的惯性矩 I_{zc}, I_{yc}。

$$I_{zc} = I_{zc}^{\mathrm{I}} + I_{zc}^{\mathrm{II}}$$

$$= \frac{1}{12} \times 3 \times 20^3 + \frac{1}{12} \times 17 \times 3^3 = 2\ 038(\mathrm{cm}^4)$$

$$I_{yc} = I_{yc}^{\mathrm{I}} + I_{yc}^{\mathrm{II}} = \left[\frac{1}{12} \times 20 \times 3^3 + (|z_c| - 1.5)^2 \times 20 \times 3\right] +$$

$$\left\{\frac{1}{12} \times 3 \times 17^3 + \left[-(|z_c'| - 8.5)\right]^2 \times 17 \times 3\right\}$$

$$= 4\ 030(\mathrm{cm}^4)\}$$

4.解:(1)由拉伸强度条件:$\sigma = \dfrac{F}{b(h-2\delta)} \leqslant [\sigma]$,得

$$h - 2\delta \geqslant \frac{F}{b[\sigma]} = \frac{45 \times 10^3}{0.250 \times 6 \times 10^6} = 0.030(\mathrm{m}) = 30\ \mathrm{mm} \qquad (\mathrm{a})$$

(2)由挤压强度条件:$\sigma_c = \dfrac{F}{2b\delta} \leqslant [\sigma_c]$,得

$$\delta \geqslant \frac{F}{2b[\sigma_c]} = \frac{45 \times 10^3}{2 \times 0.250 \times 10 \times 10^6} = 0.009(\mathrm{m}) = 9\ \mathrm{mm} \qquad (\mathrm{b})$$

(3)由剪切强度条件:$\tau = \dfrac{F}{2bl} \leqslant [\tau]$,得

$$l \geqslant \frac{F}{2b[\tau]} = \frac{45 \times 10^3}{2 \times 0.250 \times 1 \times 10^6} = 0.090(\mathrm{m}) = 90\ \mathrm{mm}$$

取 $\delta = 0.009\ \mathrm{m}$ 代入式(a),得:$h \geqslant (0.030 + 2 \times 0.009)\ \mathrm{m} = 0.048$ (m) = 48 mm

钢板的尺寸可取:$\delta \geqslant 9\ \mathrm{mm}, l \geqslant 90\ \mathrm{mm}, h \geqslant 48\ \mathrm{mm}$。

5.解:(1)确定危险杆件。

结构受力如图 4-74 所示,取 AB、CD 杆件分析。

取 AB 杆件,$\sum m_A = 0, F_1 \times 3.75 - F \times 3 = 0$,得

$$F_1 = 31.2\ \mathrm{kN}$$

取 CD 杆件,$\sum m_D = 0, F_1' \times 3.8 - F_2 \times \sin 30° \times 3.2 = 0$,得

$$F_2 = 74.1\ \mathrm{kN}$$

即:$N_{BC} = 31.2\ \mathrm{kN}, N_{EF} = 74.1\ \mathrm{kN}$,可见杆 EF 受内力最大,为危险杆件。

（2）计算危险截面的应力。

$$\sigma_{max} = \frac{N_{EF}}{A} = \frac{74.1 \times 10^3}{\frac{\pi}{4} \times 25^2} = 151(MPa)$$

（3）校核强度。

$$\sigma_{max} = 151\ MPa < [\sigma] = 160\ MPa$$

故结构满足强度安全性。

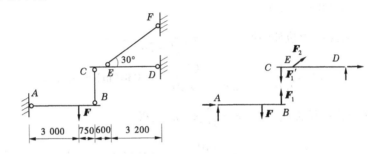

图 4-74

6. 解：（1）计算各杆轴力。

如图 4-75 所示，取 B 点为脱离体，列平衡方程。

$$\sum F_y = 0 \rightarrow -F - N_2 \sin\alpha = 0 \rightarrow N_2 = -104.9\ kN(压)$$

$$\sum F_x = 0 \rightarrow -N_1 - N_2 \cos\alpha = 0 \rightarrow N_1 = 56.3\ kN(拉)$$

（2）计算杆的变形。

$$\Delta l_1 = \frac{N_1 l_1}{E_1 A_1} = 0.657\ mm, \Delta l_2 = \frac{N_2 l_2}{E_2 A_2} = -0.91\ mm$$

（3）计算 B 点的位移。

如图 4-76 所示，得

$$\Delta_{BH} = \Delta l_1 = 0.657\ mm$$

$$\Delta_{BV} = GB' = -\frac{\Delta l_2}{\sin\alpha} + \frac{\Delta l_1}{\tan\alpha} = 1.5(mm)$$

$$\Delta_B = \sqrt{(\Delta_{BH})^2 + (\Delta_{BV})^2} = 1.64(mm)$$

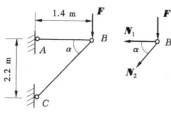

图 4-75

图 4-76

7. 解:(1)考虑板件的拉伸强度。

由 N 图(图 4-77)可知:$N_1 = F$,$N_2 = 3F/4$

$$\sigma_1 = \frac{N_1}{A_1} = \frac{F}{(b-d)\delta} \leqslant [\sigma]$$

$$F \leqslant (b-d)\delta[\sigma] = (200-20) \times 15 \times 160 \times 10^{-3} = 432(\text{kN})$$

$$\sigma_2 = \frac{N_2}{A_2} = \frac{3F}{4(b-2d)\delta} \leqslant [\sigma]$$

$$F \leqslant \frac{4}{3}(b-2d)\delta[\sigma] = \frac{4}{3} \times (200-2\times20) \times 15 \times 160 \times 10^{-3} = 512(\text{kN})$$

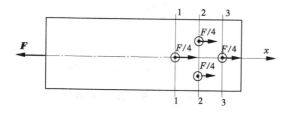

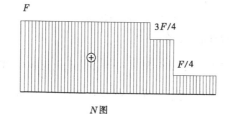

N图

图 4-77

(2)考虑铆钉的剪切强度。

$$Q = \frac{F}{8}$$

$$\tau = \frac{Q}{A} = \frac{4F}{8\pi d^2} \leqslant [\tau]$$

$$F \leqslant 2\pi d^2[\tau] = 2 \times \pi \times 20^2 \times 120 \times 10^{-3} = 302(\mathrm{kN})$$

(3)考虑铆钉的挤压强度。

$$F_c = \frac{F}{4}$$

$$\sigma_c = \frac{F_c}{\delta d} = \frac{F}{4\delta d} \leqslant [\sigma_c]$$

$$F \leqslant 4\delta d[\sigma_c] = 4 \times 15 \times 20 \times 340 \times 10^{-3} = 408(\mathrm{kN})$$

综上可知,接头的许可荷载为$[F] = 302$ kN。

8. 解:(1)计算 y 轴方向的应力。

$$\sigma_y = \frac{-F}{A} = \frac{-14 \times 10^3}{20 \times 20} = -35(\mathrm{MPa})$$

(2)计算 x、z 轴方向的应力。

x 方向和 z 方向的线应变为零,则

$$\varepsilon_x = \frac{\sigma_x}{E} - \frac{\nu}{E}(\sigma_y + \sigma_z) = 0$$

$$\sigma_x - 0.3(-35 + \sigma_z) = 0 \qquad\qquad (\mathrm{a})$$

$$\varepsilon_z = \frac{\sigma_z}{E} - \frac{\nu}{E}(\sigma_y + \sigma_x) = 0$$

$$\sigma_z - 0.3(-35 + \sigma_x) = 0 \qquad\qquad (\mathrm{b})$$

联解式(a)、(b)得

$$\sigma_x = \sigma_z = -15 \text{ MPa}$$

9. 解:(1)计算轴的直径。

①计算外力偶矩　$m_x = 9.55\dfrac{P}{n} = 9.55 \times \dfrac{30}{1\,400} = 0.204(\mathrm{kN \cdot m})$

②计算横截面上的扭矩　$M_x = m_x = 0.204(\mathrm{kN \cdot m})$

③由强度条件:

$$W_\rho \geqslant \frac{M_x}{[\tau]} \quad 即 \quad \frac{\pi D^3}{16} \geqslant \frac{M_x}{[\tau]}$$

得 $\qquad D \geqslant \sqrt[3]{\dfrac{16M_x}{\pi[\tau]}} = \sqrt[3]{\dfrac{16 \times 0.204 \times 10^3}{\pi \times 40 \times 10^6}} = 0.030(\mathrm{m})$

④由刚度条件：

$$I_\rho \geqslant \frac{M_x}{G[\theta]} \cdot \frac{180}{\pi} \qquad 即 \qquad \frac{\pi D^4}{32} \geqslant \frac{M_x}{G[\theta]} \cdot \frac{180}{\pi}$$

得 $\qquad D \geqslant \sqrt[4]{\dfrac{32 \cdot M_x \cdot 180}{G\pi^2[\theta]}} = \sqrt[4]{\dfrac{32 \times 0.204 \times 10^3 \times 180}{80 \times 10^3 \times 10^6 \times \pi^2 \times 1}} = 0.035(\mathrm{m})$

为了同时满足强度条件和刚度条件，直径应不小于 0.035 m。

（2）计算内、外径比值为 0.8 的空心圆轴的直径，并比较实心和空心两种情况的用料。

①由强度条件：

$$W_\rho \geqslant \frac{M_x}{[\tau]} \qquad 即 \qquad \frac{\pi D^3}{16}(1 - \alpha^4) \geqslant \frac{M_x}{[\tau]}$$

得 $\qquad D \geqslant \sqrt[3]{\dfrac{16M_x}{\pi(1-\alpha^4)[\tau]}} = \sqrt[3]{\dfrac{16 \times 0.204 \times 10^3}{\pi \times (1-0.8^4) \times 40 \times 10^6}}$

$$= 0.035(\mathrm{m})$$

②由刚度条件：

$$I_\rho \geqslant \frac{M_x}{G[\theta]} \cdot \frac{180}{\pi} \qquad 即 \qquad \frac{\pi D^4}{32}(1-\alpha^4) \geqslant \frac{M_x}{G[\theta]} \cdot \frac{180}{\pi}$$

得 $\qquad D \geqslant \sqrt[4]{\dfrac{32 \cdot M_x \cdot 180}{G\pi^2(1-\alpha^4)[\theta]}}$

$$= \sqrt[4]{\dfrac{32 \times 0.204 \times 10^3 \times 180}{80 \times 10^3 \times 10^6 \times \pi^2 \times (1-0.8^4) \times 1}} = 0.040(\mathrm{m})$$

故空心圆轴外径可取 0.040 m，按 $\alpha = 0.8$，内径为 0.032 m。

③空心圆轴与实心圆轴用料之比等于相应横截面面积之比，即

$$\frac{A_{空}}{A_{实}} = \frac{\dfrac{\pi}{4} \times 0.04^2 \times (1-0.8^2)}{\dfrac{\pi}{4} \times 0.035^2} = 0.47$$

由本例可见，空心圆轴比实心圆轴省料，这种截面更加合理。

10. 解: (1)实心圆截面。

$$[M_x] \le W_\rho[\tau] = \frac{\pi \times 113^3}{16} \times 50 \times 10^{-6} = 14.2(\text{kN} \cdot \text{m})$$

(2)空心圆环截面。

$$[M_x] \le W_\rho[\tau] = \frac{\pi \times 151^3 \times \left[1 - \left(\frac{100}{151}\right)^4\right]}{16} \times 50 \times 10^{-6}$$

$$= 27.3(\text{kN} \cdot \text{m})$$

可见,实心圆截面和空心圆截面面积尽管相同,但抗扭的承载能力却大不一样,空心圆环截面更加合理。

11. (a) **解:** 设 A 端与 B 端的支座反力(力偶矩)分别为 M_A 和 M_B,它们的转向与扭力偶矩 M 相反。由于左右对称,故知: $M_A = M_B$。

由 $\sum M_x = 0$ 可得: $M_A + M_B = 2M_A = 2M$

即 　　　　　　　　　　$M_A = M_B = M$

(b) **解:** 解除右端约束,代之以支座反力(力偶矩) M_B,从变形趋势可知, M_B 的转向与 m 相反。

变形协调条件为: $\varphi_B = 0$ 　　　　　　　　　　　　　　(a)

利用叠加法,得到(x 从左端向右取)

$$\varphi_B = \varphi_{B,m} + \varphi_{B,M_B} = \int_0^a \frac{m(a-x)}{GI_\rho}\mathrm{d}x - \frac{M_B(2a)}{GI_\rho} = \frac{ma^2}{2GI_\rho} - \frac{2M_B a}{GI_\rho}$$

　　　　　　　　　　　　　　　　　　　　　　　　　　　　(b)

将式(b)代入式(a),可得 $M_B = \frac{ma}{4}$

进而求得: $M_A = ma - M_B = \frac{3ma}{4}$, M_A 的转向亦与 m 相反。

12. 解: (1)计算每个螺栓所受的剪力。

由 　　　　　　　　　$\sum m_x = 0, 6F \cdot \frac{D}{2} = M$

得 　　　　　　　　　　　　$F = \frac{M}{3D}$

(2)由螺栓的剪切强度条件求螺栓直径 d。

$$\tau = \frac{Q}{A} = \frac{F}{A} = \frac{4M}{3\pi Dd^2} \leqslant [\tau]$$

由此得 $\quad d \geqslant \sqrt{\frac{4M}{3\pi D[\tau]}} = \sqrt{\frac{4 \times 5.0 \times 10^3}{3\pi \times 0.100 \times 100 \times 10^6}}$

$$= 1.457 \times 10^{-2}(\text{m}) = 14.57 \text{ mm}$$

(3)由螺栓的挤压强度条件求螺栓直径 d。

$$\sigma_c = \frac{F_c}{A_c} = \frac{F}{\delta d} = \frac{M}{3D\delta d} \leqslant [\sigma_c]$$

由此得 $\quad d \geqslant \frac{M}{3D\delta[\sigma_c]} = \frac{5.0 \times 10^3}{3 \times 0.100 \times 0.010 \times 300 \times 10^6}$

$$= 5.56 \times 10^{-3}(\text{m}) = 5.56 \text{ mm}$$

综上可知,螺栓的直径 $d \geqslant 14.57$ mm。

13. 解:(1)计算 A 点的应力分量。

A 点属二向应力状态,应力分量是

$$\sigma_x = \frac{F}{A} = \frac{20 \times 10^3}{\pi \times 50 \times 2} = 63.7(\text{MPa})$$

$$\sigma_y = 0$$

$$\tau_x = -\frac{m_x}{2\pi r^2 t} = -\frac{600 \times 10^3}{2\pi \times \left(\frac{50+2}{2}\right)^2 \times 2} = -70.6(\text{MPa})$$

(2)计算斜截面的应力。

$$\alpha = 120°$$

$$\sigma_\alpha = \frac{\sigma_x + \sigma_y}{2} + \frac{\sigma_x - \sigma_y}{2}\cos2\alpha - \tau_x\sin2\alpha$$

$$= \frac{63.7}{2} + \frac{63.7}{2} \times \cos240° + 70.6 \times \sin240°$$

$$= -45.2(\text{MPa})$$

$$\tau_\alpha = \frac{\sigma_x - \sigma_y}{2} \times \sin2\alpha + \tau_x\cos2\alpha$$

$$= \frac{63.7}{2} \times \sin240° - 70.6 \times \cos240°$$

$$= 7.7 (\text{MPa})$$

（3）计算主应力大小及方向。

$$\tan 2\alpha_0 = -\frac{2\tau_x}{\sigma_x - \sigma_y} = -\frac{2 \times (-70.6)}{63.7} = 2.22$$

$$\alpha_0 = 32.9° \qquad \alpha_0 + 90° = 122.9°$$

$$\begin{cases} \sigma_{\max} \\ \sigma_{\min} \end{cases} = \frac{\sigma_x + \sigma_y}{2} \pm \sqrt{\left(\frac{\sigma_x - \sigma_y}{2}\right)^2 + \tau_x^2}$$

$$= \frac{63.7}{2} \pm \sqrt{\left(\frac{63.7}{2}\right)^2 + (-70.6)^2}$$

$$= \begin{cases} 109.3 (\text{MPa}) \\ -45.6 (\text{MPa}) \end{cases}$$

故　　　　　$\sigma_1 = 109.3\ \text{MPa}$　$\sigma_2 = 0$　$\sigma_3 = -45.6 (\text{MPa})$

（4）绘主单元体。$\sigma_x > \sigma_y$，α_0 面对应 $\sigma_{\max}$，如图 4-78 所示。

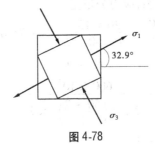

图 4-78

14. 解：（1）按正应力强度条件设计截面。

如图 4-79 所示，当荷载 F 移至跨中时，弯距达到最大，得

$$M_{\max} = Fl/4 = 40 \times 1/4 = 10 (\text{kN} \cdot \text{m})$$

由 $W_z \geqslant \dfrac{M_{\max}}{[\sigma]}$，得

$$\frac{bh^2}{6} \geqslant \frac{10 \times 10^3}{10 \times 10^6} = 1 \times 10^{-3}$$

又 $\dfrac{h}{b} = 2$，则 $\dfrac{b \times (2b)^2}{6} \geqslant 1 \times 10^{-3}$

故 $b \geqslant 114.5\ \text{mm}$，$b = 115\ \text{mm}$

得 $h = 2b = 230$ mm。

（2）按剪应力强度条件校核。

如图 4-80 所示，当荷载移到梁两端时，梁内剪应力达到最大：

$$Q_{max} = F = 40 \text{ kN}$$

由：$\tau_{max} = 1.5 \times \dfrac{Q_{max}}{A} = 1.5 \times \dfrac{40 \times 10^3}{115 \times 230} = 2.3(\text{MPa}) < [\tau] = 3 \text{ MPa}$

可知，按正应力强度条件设计的截面，能满足剪应力强度条件的要求。

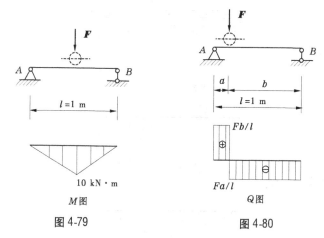

图 4-79　　　　　　　　　　图 4-80

15. 解：（1）为使弯曲强度最高，应使 W_z 值最大。

$$W_z = \frac{bh^2}{6} = \frac{b}{6}(d^2 - b^2)$$

$$\frac{\mathrm{d}W_z}{\mathrm{d}b} = \frac{1}{6}(d^2 - 3b^2) = 0$$

由此得　　　　　　$b = \dfrac{\sqrt{3}}{3}d, h = \sqrt{d^2 - b^2} = \dfrac{\sqrt{6}}{3}d$

（2）为使弯曲刚度最高，应使 I_z 值最大。

$$I_z = \frac{bh^3}{12} = \frac{h^3}{12}\sqrt{d^2 - h^2}$$

$$\frac{\mathrm{d}I_z}{\mathrm{d}h} = \frac{3h^2(d^2 - h^2) - h^4}{12\sqrt{d^2 - h^2}} = 0$$

由此得 $\qquad h = \dfrac{\sqrt{3}}{2}d, b = \sqrt{d^2 - h^2} = \dfrac{d}{2}$

16. 解:(1)画 Q 图和 M 图,确定最大剪力(绝对值)和最大弯矩

由图 4-81 可知,最大剪力(绝对值)和最大弯矩分别为

$$Q_{max} = \frac{2}{3}F, M_{max} = \frac{2}{9}Fl$$

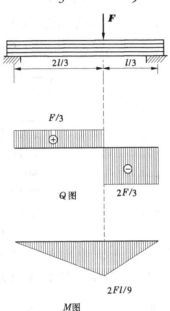

图 4-81

(2)校核木板的弯曲正应力强度。

$$\sigma_{max} = \frac{M_{max}}{W_z} = \frac{6 \times 2Fl}{9bh^2} = \frac{12 \times 4 \times 10^3 \times 400}{9 \times 50 \times 80^2}$$

$$= 6.67(MPa) < [\sigma] = 7 \text{ MPa}$$

(3)校核胶缝的切应力强度。

根据剪应力互等定理,可知胶缝的剪应力和横截面中性轴的剪应力相等,则

$$\tau_{\max} = \frac{3|Q|_{\max}}{2A} = \frac{3 \times 2F}{3 \times 2bh} = \frac{4 \times 10^3}{50 \times 80} = 1(\text{MPa}) < [\tau] = 5 \text{ MPa}$$

结论:该胶合木板简支梁符合强度要求。

17. **解**:(1)计算截面上 1 点的应力。

$$\sigma_{(1)} = -\frac{M}{\frac{1}{6}bh^2} = -\frac{10 \times 10^6}{\frac{1}{6} \times 50 \times 100^2} = -120(\text{MPa}) \qquad \tau_{(1)} = 0$$

由应力状态单元(见图4-82)可知,主应力为

$$\sigma_1 = \sigma_2 = 0 \qquad \sigma_3 = -120 \text{ MPa}$$

(2)计算截面上 2 点的应力。

$$\sigma_{(2)} = 0 \qquad \tau_{(2)} = -\frac{3}{2}\frac{Q}{bh} = -\frac{3}{2} \times \frac{120 \times 10^3}{50 \times 100} = -36(\text{MPa})$$

由应力状态单元(见图4-83)可知,主应力为

$$\sigma_1 = 36 \text{ MPa} \quad \sigma_2 = 0 \quad \sigma_3 = -36 \text{ MPa}$$

图 4-82   图 4-83

(3)计算截面上 3 点的应力。

$$\sigma_{(3)} = -\frac{\sigma_{(1)}}{2} = 60(\text{MPa})$$

$$\tau_{(3)} = \frac{QS_z^*}{bI_z} = \frac{120 \times 10^3 \times (25 \times 50 \times 37.5)}{50 \times \frac{50 \times 100^3}{12}} = 27(\text{MPa})$$

由应力状态单元(见图4-84)可知,主应力为

$$\begin{cases} \sigma_{\max} \\ \sigma_{\min} \end{cases} = \frac{60}{2} \pm \sqrt{\left(\frac{60}{2}\right)^2 + 27^2} = \begin{cases} 70.4(\text{MPa}) \\ -10.4(\text{MPa}) \end{cases}$$

$$\sigma_1 = 70.4(\text{MPa}) \qquad \sigma_2 = 0 \qquad \sigma_3 = -10.4 \text{ MPa}$$

(4)截面上 4 点的应力。

$$\sigma_{(4)} = -\sigma_{(1)} = 120 \text{ MPa} \qquad \tau_{(4)} = 0$$

应力状态单元(见图4-85)可知,主应力为

$$\sigma_1 = 120\ \text{MPa} \quad \sigma_2 = \sigma_3 = 0$$

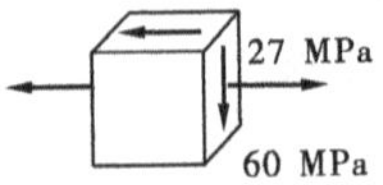

图 4-84 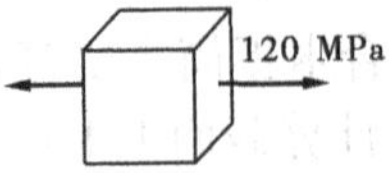　　　　　　　　　　　　　图 4-85

18. 解:(1)计算主应力。

$$\sigma_x = \frac{E}{1 - \nu^2}(\varepsilon_x + \nu\varepsilon_y)$$

$$= \frac{210 \times 10^3}{1 - 0.3^2} \times (1.88 \times 10^{-4} + 0.3 \times 7.37 \times 10^{-4})$$

$$= 94.4(\text{MPa})$$

$$\sigma_y = \frac{E}{1 - \nu^2}(\varepsilon_y + \nu\varepsilon_x)$$

$$= \frac{210 \times 10^3}{1 - 0.3^2} \times (7.37 \times 10^{-4} + 0.3 \times 1.88 \times 10^{-4})$$

$$= 183(\text{MPa})$$

$$\sigma_1 = \sigma_y = 183\ \text{MPa} \quad \sigma_2 = \sigma_x = 94.4\ \text{MPa} \quad \sigma_3 = 0$$

(2)利用第三强度理论进行强度校核。

根据第三强度理论:$\sigma_1 - \sigma_3 = 183\ \text{MPa} \geqslant [\sigma] = 170\ \text{MPa}$

且　　　$\dfrac{183 - 170}{170} \times 100\% = 7.65\% > 5\%$

因此,不能满足强度要求。

19. 解:(1)计算支座反力。

$$F_A = \frac{m_e}{l}(\uparrow)\,;\, F_B = \frac{m_e}{l}(\downarrow)$$

(2)计算 k 截面的弯矩与剪力。

$$M_k = F_A a = \frac{am_e}{l}\,;\, Q_k = F_A = \frac{m_e}{l}$$

(3)计算 k 点的正应力与剪应力。

$$\sigma = 0\,;\, \tau = 1.5\frac{Q_k}{A} = \frac{3m_e}{2Al}$$

（4）计算主应力及方向。

$$\sigma_x = 0 \qquad \sigma_y = 0 \qquad \tau_x = \tau$$

$$\sigma_1 = \frac{\sigma_x + \sigma_y}{2} + \frac{1}{2}\sqrt{(\sigma_x - \sigma_y)^2 + 4\tau_x^2} = \tau = \frac{3m_e}{2Al}$$

$$\sigma_2 = 0$$

$$\sigma_3 = \frac{\sigma_x + \sigma_y}{2} - \frac{1}{2}\sqrt{(\sigma_x - \sigma_y)^2 + 4\tau_x^2} = -\tau = -\frac{3m_e}{2Al}$$

$$\tan 2\alpha_0 = \frac{-2\tau_x}{\sigma_x - \sigma_y} = \infty$$

$\alpha_0 = 45°$（最大正应力 σ_1 的方向与 x 正向的夹角）。

（5）计算集中力偶矩 m_e。

$$\varepsilon_{45°} = \varepsilon_1 = \frac{1}{E}(\sigma_1 - \nu\sigma_3)$$

$$\varepsilon_{45°} = \frac{1}{E}\left[\left(\frac{3m_e}{2Al} - \nu\left(-\frac{3m_e}{2Al}\right)\right)\right] = \frac{3m_e}{2EAl}(1 + \nu)$$

$$m_e = \frac{2EAl\varepsilon_{45°}}{3(1 + \nu)} = \frac{2Ebhl}{3(1 + \nu)}\varepsilon_{45°}$$

20.解：（1）计算切口截面偏心距和抗弯截面模量。

$$e = \frac{x}{2} \qquad W_z = \frac{\delta(40 - x)^2}{6}$$

（2）计算板边切口的允许深度 x。

切口截面上发生拉弯组合变形，则

$$\sigma_{\max} = \frac{Fe}{W_z} + \frac{F}{A} = \frac{12 \times 10^3 \times \dfrac{x}{2}}{\dfrac{5 \times (40 - x)^2}{6}} + \frac{12 \times 10^3}{5 \times (40 - x)} \leqslant [\sigma] = 100 \text{ MPa}$$

得

$$x = 5.2 \text{ mm}$$

21.解：（1）计算烟囱底截面上的最大压应力。

$$\sigma_{\max} = \frac{P_1}{A} + \frac{\dfrac{qh^2}{2}}{W_z} = \frac{2\,000 \times 10^3}{\dfrac{\pi(3^2 - 2^2)}{4}} + \frac{\dfrac{1}{2} \times 1 \times 10^3 \times 30^2}{\dfrac{\pi(3^4 - 2^4)}{64} \times \dfrac{1}{\dfrac{3}{2}}}$$

$$= 0.72 \times 10^6 (\text{Pa}) = 0.72 \text{ MPa}(\text{压})$$

(2)圆形基础的直径 D。

土壤上的最大压应力为 $\sigma_{\max}$,则:

$$\sigma_{\max} = \frac{P_1 + P_2}{\frac{\pi D^2}{4}} + \frac{qh\left(\frac{h}{2} + h_0\right)}{\frac{\pi D^3}{32}} \leqslant [\sigma] = 0.3 \text{ MPa}$$

$$\sigma_{\max} = \frac{(2\,000 + 1\,000) \times 10^3}{\frac{\pi D^2}{4}} + \frac{1 \times 10^3 \times 30 \times \left(\frac{30}{2} + 4\right)}{\frac{\pi D^3}{32}}$$

$$\leqslant 0.3 \times 10^6$$

得 $$D = 4.17 \text{ m}$$

22. **解**:(1)计算皮带拉力及合力。

$$m_x = (T_1 - T_2) \cdot \frac{D}{2} = \frac{T_2 D}{2}$$

$$= 9.55 \times \frac{P}{n} = 9.55 \times \frac{8.83}{800} = 0.105\,4(\text{kN} \cdot \text{m})$$

$$T_2 = \frac{2 \times 0.105\,4}{0.25} = 0.843(\text{kN})$$

$$F_R = \sqrt{(3T_2\sin 45°)^2 + (G + 3T_2\cos 45°)^2}$$

$$= \sqrt{\left(\frac{3 \times 0.843}{\sqrt{2}}\right)^2 + \left(0.700 + \frac{3 \times 0.843}{\sqrt{2}}\right)^2} = 3.064 \ (\text{kN})$$

(2)计算扭矩和弯矩。

$$M_x = m_x = 0.105\,4 \text{ kN} \cdot \text{m}$$

$$M = F_R \times l = 3.064 \times 0.12 = 0.368(\text{kN} \cdot \text{m})$$

(3)按第四强度理论设计电动机轴的直径 d。

$$\frac{\sqrt{M^2 + 0.75M_x^2}}{W_z} \leqslant [\sigma]$$

$$W_z \geqslant \frac{\sqrt{M^2 + 0.75M_x^2}}{[\sigma]} = \frac{\sqrt{(0.368^2 + 0.75 \times 0.105\ 4^2) \times 10^6}}{100 \times 10^6}$$

$$= 3.79 \times 10^{-6}(\text{m}^3) = 3.79\ \text{cm}^3$$

$$d \geqslant \sqrt[3]{\frac{3.79 \times 32}{\pi}} = 3.38(\text{cm})$$

23.解：

$$\sigma = E\varepsilon = \frac{N}{A} = \frac{\dfrac{4\pi^2 EI_{\min}}{l^2}}{A}$$

将 $\varepsilon = \alpha_l \Delta T$ 带入上式，得：$\alpha_l \Delta T = \dfrac{4\pi^2 I_{\min}}{Al^2}$

则

$$\Delta T = \frac{4\pi^2 I_{\min}}{\alpha_l A l^2} = \frac{4\pi^2 \times 32.8 \times 10^{-8}}{125 \times 10^{-7} \times 14.33 \times 10^{-4} \times 5^2} = 28.9(\text{℃})$$

24.解：杆 DB 为两端铰支 $\mu = 1$，杆 DA 及 DC 为一端铰支一端固定，选取 $\mu = 0.7$。此结构为超静定结构，当杆 DB 失稳时结构仍能继续承载，直到杆 AD 及 DC 也失稳时整个结构才丧失承载能力，故

$$F_{cr} = F_{cr(1)} + 2F_{cr(2)} \cos 30°$$

$$F_{cr(1)} = \frac{\pi^2 EI}{l^2}$$

$$F_{cr(2)} = \frac{\pi^2 EI}{\left(0.7 \times \dfrac{l}{\cos 30°}\right)^2} = \frac{1.53\pi^2 EI}{l^2}$$

$$F_{cr} = \frac{\pi^2 EI}{l^2} + \frac{2 \times 1.53\pi^2 EI}{l^2} \times \frac{\sqrt{3}}{2} = \frac{3.65\pi^2 EI}{l^2} = 36\frac{EI}{l^2}$$

25.解：（1）计算 AB 杆的轴力。

取 AB 为分离体，由 $\sum M_c = 0$，有

$$N_{AB}\sin 30° \times 2.4 = \frac{50 \times 3.2^2}{2} \qquad 得\ N_{AB} = 214\ \text{kN}$$

（2）计算撑杆所需的直径 d。

设 $\varphi = 0.683$，有 $[\sigma_{cr}] = \varphi[\sigma] = 0.683 \times 11 = 7.513(\text{MPa})$

则
$$\sigma_{AB} = \frac{N_{AB}}{A} = \frac{214 \times 10^3}{\frac{\pi d^2}{4}} = \left[\sigma_{cr}\right] = 7.513 \text{ MPa}$$

解得
$$d = 0.19 \text{ m}$$

因而
$$\lambda = \frac{1 \times \frac{2.4}{\cos 30°}}{\frac{0.19}{4}} = 58.342$$

则
$$\varphi = 0.757 + \left(\frac{0.668 - 0.757}{10}\right) \times (58.342 - 50) = 0.683$$

求出的 φ 与所设 φ 基本相符,故撑杆直径选用 $d = 0.19$ m。

26. 解:(1)计算最大刚度平面内的临界压力(即绕 y 轴失稳)。

如图 4-86 所示,中性轴为 y 轴,则
$$I_y = \frac{120 \times 200^3}{12} = 80 \times 10^6 (\text{mm}^4)$$

木柱两端铰支,$\mu = 1$,则得
$$F_{cr} = \frac{\pi^2 E I_y}{(\mu l)^2} = \frac{3.14^2 \times 10 \times 10^3 \times 80 \times 10^6}{(1 \times 8\ 000)^2} \times 10^{-3} = 123(\text{kN})$$

(2)计算最小刚度平面内的临界压力(即绕 z 轴失稳)。

如图 4-87 所示,中性轴为 z 轴,则

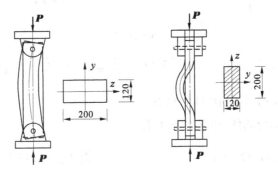

图 4-86　　　　　　　图 4-87

$$I_z = \frac{200 \times 120^3}{12} = 28.8 \times 10^6 (\text{mm}^4)$$

木柱两端固定,μ=0.5,则得

$$F_{cr} = \frac{\pi^2 EI_z}{(\mu l)^2} = \frac{3.14^2 \times 10 \times 10^3 \times 28.8 \times 10^6}{(0.5 \times 8\,000)^2} \times 10^{-3} = 178(\text{kN})$$

由上可知:木柱的临界压力为 $F_{cr} = 123$ kN。

第四节 第三层次习题精选及分析解答

一、习题精选

1. 如图 4-88 所示桁架,承受载荷 F 作用,已知杆的许用应力为 $[\sigma]$。若在节点 B 和 C 的位置保持不变的条件下,试确定使结构重量最轻的 α 值(即确定节点 A 的最佳位置)。

2. 图 4-89 所示的桁架,承受载荷 F 作用,已知杆的许用应力为 $[\sigma]$。若节点 A 和 C 间的指定距离为 l,为使结构重量最轻,试确定 θ 的最佳值。

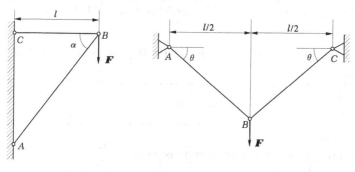

图 4-88　　　　　　　　　　图 4-89

3. 图 4-90 所示的杆抗拉刚度 EA,求杆端的支座反力。

4. 1、2、3 三杆用铰链连接,3 杆长度和各杆刚度如图 4-91 所示。求外力 P 作用下各杆的内力。

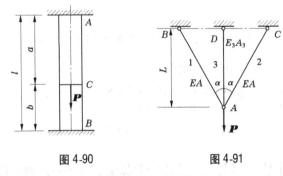

图 4-90　　　　　　　　　图 4-91

5. 用直径 $d = 10$ mm 的低碳钢试样进行拉伸试验,测得的有关数据记录于表 4-6 中。试确定材料的比例极限 σ_p、屈服极限 σ_s、强度极限 σ_b、弹性模量 E 和延伸率 σ。

表 4-6　低碳钢试样拉伸试验观测数据

荷载(kN)	0	3.2	6.5	9.8	13.2	16.5	19.7	22.9	27.1	26.7	27.0
标距100 mm以内的伸长(mm)	0	0.02	0.04	0.06	0.08	0.10	0.12	0.14	0.20	0.35	0.55
荷载(kN)	27.2	27.0	27.2	27.8	29.8	34.2	36.5	37.9	38.8	39.5	
标距100 mm以内的伸长(mm)	0.65	0.70	1.50	2.50	3.00	5.00	7.00	9.00	11.00	13.00	
荷载(kN)	39.8	40.0	41.0	41.0	39.5	35.9	断裂后				
标距100 mm以内的伸长(mm)	15.00	17.0	20.00	25.00	27.00	29.00	30.4(拼接)				

6. 从钢构件内某一点的周围取出一部分如图 4-92 所示。根据理论计算已经求得 $\sigma = 30$ MPa, $\tau = 15$ MPa。材料 $E = 200$ GPa, $\nu = 0.30$。试求对角线 AC 的长度改变 Δl。

7. 如图 4-93 所示,圆轴 AB 与套管 CD 用刚性突缘 E 焊接成一体,并在截面 A 承受扭力偶矩 M 作用。圆轴的直径 d = 56 mm,许用剪应力[τ_1] =80 MPa,套管的外径 D = 80 mm,壁厚 δ = 6 mm,许用剪应力[τ_2] = 40 MPa。试求扭力偶矩 M 的许用值。

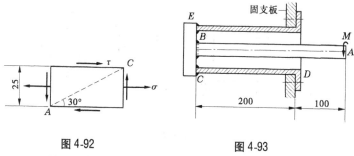

图 4-92　　　　　　　　　图 4-93

8. 图 4-94 所示的阶梯形轴,由 AB 与 BC 两段等截面圆轴组成,并承受集度为 m 的均匀分布的扭力偶矩作用。为使轴的重量最轻,试确定 AB 与 BC 段的长度 l_1 与 l_2 以及直径 d_1 与 d_2。已知轴总长为 l,许用剪应力为[τ]。

图 4-94

9. 图 4-95 所示的轴,承受扭力偶矩 M_1 = 400 N·m 与 M_2 = 600 N·m 作用。已知许用剪应力[τ] = 40 MPa,单位长度的许用扭转角[θ] =0.25°/m,剪切弹性模量 G = 80 GPa。试确定轴径。

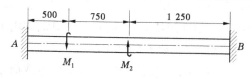

图 4-95

10. 图 4-96 所示的组合轴, 由圆截面钢轴与铜圆管并借两端刚性平板连接成一体, 并承受扭力偶矩 $M = 100$ N·m 作用。试校核其强度。设钢与铜的许用切应力分别为 $[\tau_s] = 80$ MPa 与 $[\tau_c] = 20$ MPa, 剪切弹性模量分别为 $G_s = 80$ GPa 与 $G_c = 40$ GPa, 试校核组合轴强度。

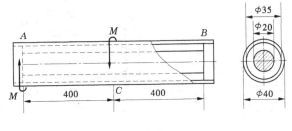

图 4-96

11. 图 4-97 所示的传动轴长 $l = 510$ mm, 直径 $D = 50$ mm。现将此轴的一段钻成内径 $d_1 = 25$ mm 的内腔, 而余下一段钻成 $d_2 = 38$ mm 的内腔。若材料的许用剪应力 $[\tau] = 70$ MPa, 试求:

(1) 此轴能承受的最大扭力偶矩 $M_{e\max}$。

(2) 若要求两段轴内的扭转角相等, 则两段的长度应分别为多少?

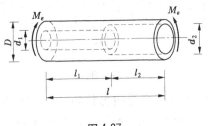

图 4-97

12. 图 4-98 所示的铸铁梁, 载荷 F 可沿梁 AC 水平移动, 其活动范围为 $0 < \eta < 3l/2$。已知许用拉应力 $[\sigma_t] = 35$ MPa, 许用压应力 $[\sigma_c] = 140$ MPa, $l = 1$ m, 试确定载荷 F 的许用值。

13. 图 4-99 所示的矩形截面阶梯梁, 承受均布载荷 q 作用。已知截面宽度为 b, 许用应力为 $[\sigma]$。为使梁的重量最轻, 试确定 l_1 与截面高度 h_1 和 h_2。

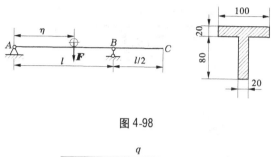

图 4-98

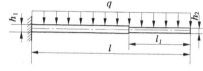

图 4-99

14. 图 4-100 所示的简支梁,由两根型号为 50b 的工字钢经铆钉连接而成,铆钉的直径 $d = 23$ mm,许用剪应力 $[\tau] = 90$ MPa,梁的许用应力 $[\sigma] = 160$ MPa。试确定梁的许可载荷 $[q]$ 及铆钉的相应间距 e。

提示:按最大剪力确定间距。

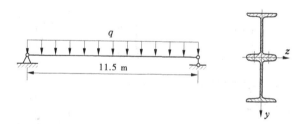

图 4-100

15. 图 4-101 所示的结构,承受集中载荷 F 作用,试校核横梁的强度。已知载荷 $F = 12$ kN,横梁用型号为 14 的工字钢制成,许用应力 $[\sigma] = 160$ MPa。

16. 图 4-102 所示的悬臂梁,承受载荷 F_1 与 F_2 作用,已知 $F_1 = 800$ N, $F_2 = 1.6$ kN, $l = 1$ m,许用应力 $[\sigma] = 160$ MPa。试分别按下列要求确定截面尺寸:(1)截面为矩形, $h = 2b$;(2)截面为圆形。

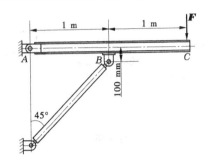

图 4-101

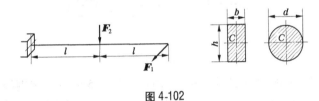

图 4-102

17. 一焊接钢板梁的尺寸及受力情况如图 4-103 所示,梁的自重略去不计。试计算 m—m 截面上 a,b,c 三点处的主应力。

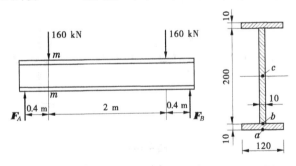

图 4-103

18. 试求图 4-104 所示各梁的支反力。设弯曲刚度 EI 为常数。

19. 如图 4-105 所示,用 Q235 钢制成的实心圆截面杆,受轴向拉力 F 及扭转力偶矩 m_e 共同作用,且 $m_e = \dfrac{1}{10}Fd$。今测得圆杆表面 k 点处

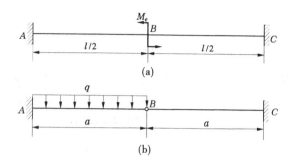

(a)

(b)

图 4-104

沿图示方向的线应变 $\varepsilon_{30°} = 14.33 \times 10^{-5}$。已知杆直径 $d = 10$ mm，材料的弹性常数 $E = 200$ GPa，$\nu = 0.3$。试求荷载 F 和 m_e。若其许用应力 $[\sigma] = 160$ MPa，试按第四强度理论校核杆的强度。

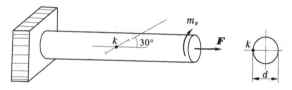

图 4-105

20. 如图 4-106 所示，两端封闭的铸铁薄壁圆筒，其内径 $D = 100$ mm，壁厚 $\delta = 10$ mm，承受内压力 $p = 5$ MPa，且两端受轴向压力 $F = 100$ kN 作用。材料的许用拉应力 $[\sigma_t] = 40$ MPa，泊松比 $\nu = 0.25$。试按第二强度理论校核其强度。

21. 在一块钢板上先画上直径 $d = 300$ mm 的圆，然后在板上加上应力，如图 4-107 所示。试问所画的圆将变成何种图形？并计算其尺寸。已知钢板的弹性模量 $E = 206$ GPa，$\nu = 0.28$。

22. 如图 4-108 所示，直径为 60 cm 的两个相同皮带轮，$n = 100$ r/m 时传递功率 $P = 7.36$ kW，C 轮上皮带是水平方向的，D 轮上皮带是铅垂方向的。皮带拉力 $T_2 = 1.5$ kN，$T_1 > T_2$，设轴材料许用应力 $[\sigma] = 80$ MPa，试根据第三强度理论选择轴的直径，皮带轮的自重略去不计。

23. 曲拐受力如图 4-109 所示，其圆杆部分的直径 $d = 50$ mm。试

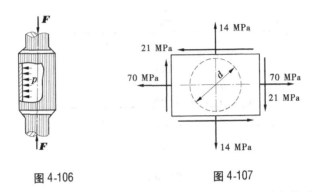

图 4-106　　　　　　　　　　图 4-107

画出表示 A 点处应力状态的单元体,并求其主应力及最大剪应力。

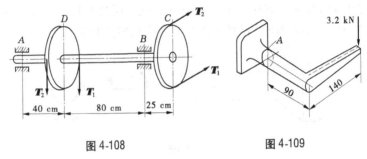

图 4-108　　　　　　　　　　图 4-109

24. 直径 $d = 40$ mm 的实心钢圆轴,在某一横截面上的内力分量如图 4-110 所示。已知此轴的许用应力 $[\sigma] = 150$ MPa。试按第四强度理论校核轴的强度。

25. 两根直径为 d 的立柱,上、下端分别与强劲的顶、底块刚性连接,如图 4-111 所示。试根据杆端的约束条件,分析在总压力 F 作用下,立柱可能产生的几种失稳形态下的挠曲线形状,分别写出对应的总压力 F 之临界值的算式(按细长杆考虑),确定最小临界力 F_{cr} 的算式。

26. 如图 4-112 所示,铰接杆系 ABC 由两根具有相同截面和同样材料的细长杆所组成。若由于杆件在平面 ABC 内失稳而引起毁坏,试确定荷载 F 为最大时的 θ 角(假设 $0 < \theta < \dfrac{\pi}{2}$)。

27. 图 4-113 所示的结构中,BC 为圆截面杆,其直径 $d = 80$ mm;

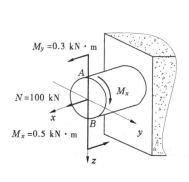

图 4-110

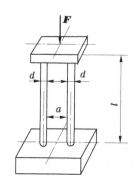

图 4-111

AC 为边长 $a = 70$ mm 的正方形截面杆。已知该结构的约束情况为 A 端固定,B、C 为球形铰。两杆的材料均为 Q235 钢,弹性模量 $E = 210$ GPa,可各自独立发生弯曲互不影响。若结构的稳定安全系数 $n_{st} = 2.5$,试求所能承受的许可压力。

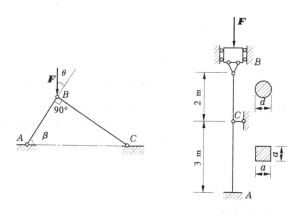

图 4-112   图 4-113

28. 图 4-114 所示的结构中杆 AC 与 CD 均由 Q235 钢(Q235 钢的 $\lambda_p = 100$)制成,C,D 两处均为球铰。已知 $d = 20$ mm,$b = 100$ mm,$h = 180$ mm;$E = 200$ GPa,$\sigma_s = 235$ MPa,$\sigma_b = 400$ MPa;强度安全因数 $n = 2.0$,稳定安全因数 $n_{st} = 3.0$。试确定该结构的许可荷载。

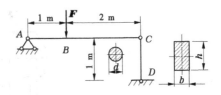

图 4-114

29. 图 4-115 所示的结构中,横梁 AB 由 14 号工字钢制成,材料许用应力 $[\sigma] = 160$ MPa , CD 杆为 Q235 钢管, $d = 26$ mm, $D = 36$ mm 。试对结构进行强度与稳定校核。

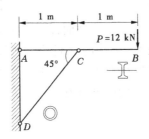

图 4-115

30. 截面为 12 cm $\times 20$ cm, $l = 7$ m, $E = 10$ GPa, $\lambda_p = 110$。在最大刚度平面内弯曲时两端为铰支,如图 4-116(a)所示;在最小刚度平面内弯曲时,两端为固定支座如图 4-116(b)所示,试求木柱的临界力和临界应力。($\lambda < 110$ 时, $\sigma_{cr} = 29.3 - 0.194\lambda$)

二、分析解答

1. 解:(1)求各杆轴力。

设杆 AB 和 BC 的轴力分别为 N_1 和 N_2 ,由节点 B 的平衡条件求得:

$$N_1 = \frac{F}{\sin\alpha} , N_2 = F\cot\alpha$$

(2)求重量最轻的 α 值。

由强度条件得: $A_1 = \frac{F}{[\sigma]\sin\alpha} , A_2 = \frac{F}{[\sigma]}\cot\alpha$

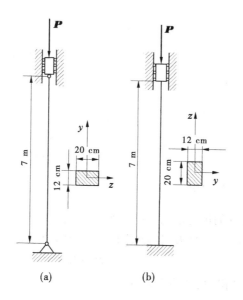

图 4-116

结构的总体积为：$V = A_1 l_1 + A_2 l_2 = \dfrac{F}{[\sigma]\sin\alpha} \cdot \dfrac{l}{\cos\alpha} + \dfrac{Fl}{[\sigma]}\cot\alpha$

$$= \dfrac{Fl}{[\sigma]}\left(\dfrac{2}{\sin2\alpha} + \cot\alpha\right)$$

由 $\dfrac{\mathrm{d}V}{\mathrm{d}\alpha} = 0$，有

$$\dfrac{\mathrm{d}\left[\dfrac{Fl}{[\sigma]}(2\csc2\alpha + \cot\alpha)\right]}{\mathrm{d}\alpha} = \dfrac{Fl}{[\sigma]}(-4\csc2\alpha \cdot \cot2\alpha - \csc^2\alpha)$$

$$= \dfrac{Fl}{[\sigma]}\left(-4 \times \dfrac{\cos2\alpha}{\sin^2 2\alpha} - \dfrac{1}{\sin^2\alpha}\right) = \dfrac{Fl}{[\sigma]}\left(-4\dfrac{2\cos^2\alpha - 1}{4\sin^2\alpha \cdot \cos^2\alpha} - \dfrac{1}{\sin^2\alpha}\right)$$

$$= \dfrac{Fl}{[\sigma]}\left(\dfrac{-3\cos^2\alpha + 1}{\sin^2\alpha \cdot \cos^2\alpha}\right) = 0$$

得 $\qquad\qquad\qquad\qquad\quad 3\cos^2\alpha - 1 = 0$

由此可得使结构重量最轻(即体积最小)的 α 值为：$\alpha = 54°44'$。

2. 解: (1)求各杆轴力。

由于结构及受载左右对称,故有: $N_1 = N_2 = \dfrac{F}{2\sin\theta}$

(2)求 θ 的最佳值。

由强度条件可得: $A_1 = A_2 = \dfrac{F}{2[\sigma]\sin\theta}$

结构总体积为: $V = 2A_1 l_1 = \dfrac{F}{[\sigma]\sin\theta} \cdot \dfrac{l}{2\cos\theta} = \dfrac{Fl}{[\sigma]\sin2\theta}$

由 $\dfrac{\mathrm{d}V}{\mathrm{d}\theta} = 0$ 得: $\cos2\theta = 0$

由此可得 θ 的最佳值为: $\theta = 45°$。

3. 解: (1)绘 AB 受力图(见图4-117),列平衡方程。

$$F_A + F_B - P = 0 \tag{a}$$

(2)根据几何、物理关系列方程。

$$|\Delta l_{AC}| = |\Delta l_{BC}| \quad 即 \quad \frac{F_A a}{EA} = \frac{F_B b}{EA}$$

得 $$F_A a = F_B b \tag{b}$$

(3)联解式(a)、(b)得支座反力。

$$F_A = \frac{b}{l}P \qquad F_B = \frac{a}{l}P$$

4. 解: (1)取 A 点为脱离体列平衡方程。

受力分析如图4-118所示,得

$$\sum F_x = 0 \rightarrow N_2\sin\alpha - N_1\sin\alpha = 0 \tag{a}$$

$$\sum F_y = 0 \rightarrow N_1\cos\alpha + N_2\cos\alpha + N_3 - P = 0 \tag{b}$$

(2)根据几何、物理关系列方程。

几何、物理关系如图4-119所示,得

$$\Delta L_1 = \Delta L_3\cos\alpha \quad 即 \quad \frac{N_1\dfrac{L}{\cos\alpha}}{EA} = \frac{N_3 L}{E_3 A_3}\cos\alpha \tag{c}$$

(3)联解式(a)、(b)、(c)得各杆内力。

$$N_1 = N_2 = \frac{P}{2\cos\alpha + \dfrac{E_3 A_3}{EA\cos^2\alpha}} , \quad N_3 = \frac{P}{1 + 2\dfrac{EA\cos^3\alpha}{E_3 A_3}}$$

注意:解答表明,各杆的轴力和其本身的刚度与其他杆的刚度之比有关。

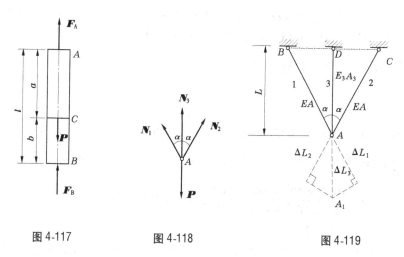

图 4-117 　　　　　 图 4-118 　　　　　 图 4-119

5.解:(1)计算比例极限 σ_p。

由试验数据可知,荷载在 $P = 22.9$ kN 以下时,试件的伸长与荷载之间基本上成线性关系,因此,材料的比例极限为

$$\sigma_p = \frac{P}{A} = \frac{22.9 \times 10^3}{\dfrac{\pi}{4} \times 10^2 \times 10^{-6}} = 292 \times 10^6 (\text{Pa}) = 292 \text{ MPa}$$

(2)计算屈服极限 σ_s。

当荷载加到 27.1 kN 以后,荷载总在 27 kN 上下做微小的摆动,而试件的伸长变形却在显著地增加,说明材料已处于屈服阶段,取 $P_s = 26.7$ kN 作为屈服荷载,材料的屈服极限为

$$\sigma_s = \frac{P_s}{A} = \frac{26.7 \times 10^3}{\dfrac{\pi}{4} \times 10^2 \times 10^{-6}} = 340 \times 10^9 (\text{Pa}) = 340 \text{ MPa}$$

（3）计算强度极限。

显然，试件发生破坏时的荷载为 $P_b = 41$ kN，材料的强度极限为

$$\sigma_b = \frac{P_b}{A} = \frac{41 \times 10^3}{\frac{\pi}{4} \times 10^2 \times 10^{-6}} = 522 \times 10^9 (\text{Pa}) = 522 \text{ MPa}$$

（4）计算弹性模量。

在比例极限内，取荷载增量 $\Delta P = 22.9 - 3.2 = 19.7(\text{kN})$，与之相应的伸长为 $\Delta l = 0.14 - 0.02 = 0.12(\text{mm}) = 0.12 \times 10^{-3} \text{m}$，根据虎克定律 $\Delta l = \dfrac{Nl}{EA}$ 可以计算材料的弹性模量，有

$$E = \frac{Nl}{A\Delta l}$$

其中：$N = \Delta P = 19.7$ kN $= 19.7 \times 10^3$ N，$l = 100$ mm $= 100 \times 10^{-3}$ m，$A = \dfrac{\pi}{4}d^2 = \dfrac{\pi}{4} \times 10^2 \times 10^{-6} = 7.85 \times 10^{-5}(\text{m}^2)$，所以材料的弹性模量为

$$E = \frac{19.7 \times 10^3 \times 100 \times 10^{-3}}{7.85 \times 10^{-5} \times 0.12 \times 10^{-3}} = 2.09 \times 10^{11}(\text{Pa}) = 209 \text{ GPa}$$

（5）计算延伸率。

断裂后的试样，经拼接后其伸长量为 $l_1 - l = 30.4$ mm，故材料的延伸率为

$$\delta = \frac{l_1 - l}{l} \times 100\% = \frac{30.4}{100} \times 100\% = 30.4\%$$

6. 解：（1）由题意确定应力分量。

$$\sigma_x = 30 \text{ MPa}, \sigma_y = 0, \tau_x = -15 \text{ MPa}$$

（2）计算 $30°$ 和 $-60°$ 斜截面上的正应力为

$$\sigma_{30°} = \frac{\sigma_x + \sigma_y}{2} + \frac{\sigma_x - \sigma_y}{2}\cos 2\alpha - \tau_x \sin 2\alpha$$

$$= \frac{30}{2} + \frac{30}{2} \times \cos 60° + 15 \times \sin 60° = 35.5(\text{MPa})$$

$$\sigma_{-60°} = \frac{\sigma_x + \sigma_y}{2} + \frac{\sigma_x - \sigma_y}{2}\cos2\alpha - \tau_x\sin2\alpha$$

$$= \frac{30}{2} + \frac{30}{2} \times \cos(-120°) + 15 \times \sin(-120°) = -5.5\,(\text{MPa})$$

(3)计算 30°方向的线应变。

$$\varepsilon_{30°} = \frac{1}{E}(\sigma_{30°} - \nu\sigma_{-60°})$$

$$= \frac{1}{200 \times 10^9} \times (35.5 + 0.3 \times 5.5) \times 10^6 = 1.86 \times 10^{-4}$$

(4)计算 AC 的长度变化。

$$\Delta_l = \varepsilon_{30°} \times \overline{AC} = 1.86 \times 10^{-4} \times \frac{25}{\sin30°} = 9.3 \times 10^{-3}\,(\text{mm})$$

7.解:(1)由圆轴 AB 求扭力偶距 M 的许用值。

由题图知,圆轴与套管的扭矩均等于 M。

$$\tau_{1,\text{max}} = \frac{M_1}{W_{\rho1}} = \frac{16M_1}{\pi d^3} \leq [\tau_1]$$

由此得 M 的许用值为

$$[M_1] = \frac{\pi d^3[\tau_1]}{16} = \frac{\pi \times 0.056^3 \times 80 \times 10^6}{16} \times 10^{-3} = 2.76\,(\text{kN} \cdot \text{m})$$

(2)由套管 CD 求 M 的许用值。

$$R_0 = \frac{D - \delta}{2} = \frac{80 - 6}{2} = 37\,(\text{mm}),\delta = 6\,\text{mm} > R_0/10$$

此管不是薄壁圆筒,$\alpha = \dfrac{80 - 6 \times 2}{80} = 0.85$。

$$\tau_{2,\text{max}} = \frac{M_2}{W_{\rho2}} = \frac{16M_2}{\pi D^3(1 - \alpha^4)} \leq [\tau_2]$$

由此得 τ 的许用值为

$$[M_2] = \frac{\pi D^3(1 - \alpha^4)[\tau_2]}{16} = \frac{\pi \times 0.080^3 \times (1 - 0.85^4) \times 40 \times 10^6}{16}$$

$$= 1.922 \times 10^3\,(\text{N} \cdot \text{m}) = 1.922\,\text{kN} \cdot \text{m}$$

可见,扭力偶矩 M 的许用值为 $[M] = [M_2] = 1.922 \text{ kN} \cdot \text{m}$

8.解:(1)由轴的强度条件列出轴的直径计算式。

在截面 A 处的扭矩最大,其值为

$$M_{x1,\max} = ml$$

由该截面的扭转强度条件得

$$\tau_{1,\max} = \frac{M_{x1,\max}}{W_{\rho 1}} = \frac{16ml}{\pi d_1^3} \leqslant [\tau]$$

$$d_1 = \sqrt[3]{\frac{16ml}{\pi[\tau]}} \tag{a}$$

BC 段上的最大扭矩在截面 B 处,其值为

$$M_{x2,\max} = ml_2$$

由该截面的扭转强度条件得

$$d_2 = \sqrt[3]{\frac{16ml_2}{\pi[\tau]}}$$

(2)最轻重量设计。

轴的总体积为

$$V = \frac{\pi}{4}d_1^2(l - l_2) + \frac{\pi}{4}d_2^2 l_2 = \frac{\pi}{4}\left[\left(\frac{16ml}{\pi[\tau]}\right)^{2/3}(l - l_2) + \left(\frac{16ml_2}{\pi[\tau]}\right)^{2/3}l_2\right]$$

根据极值条件: $\dfrac{\mathrm{d}V}{\mathrm{d}l_2} = 0$

得

$$l_2 = \left(\frac{3}{5}\right)^{3/2}l \approx 0.465l \tag{b}$$

从而得

$$l_1 = l - l_2 = \left[1 - \left(\frac{3}{5}\right)^{3/2}\right]l \approx 0.535l \tag{c}$$

$$d_2 = \left(\frac{16m}{\pi[\tau]}\right)^{1/3} \cdot l_2^{1/3} = \left(\frac{3}{5}\right)^{1/2}\sqrt[3]{\frac{16ml}{\pi[\tau]}} \approx 0.775d_1 \tag{d}$$

该轴取式(a)~式(d)所给尺寸,可使轴的体积最小,重量自然也最轻。

9. 解:(1)内力分析。

设 B 端支座反力(力偶矩)为 M_B,该轴的相当系统如图 4-120 所示。

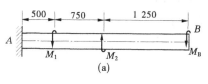

(a)

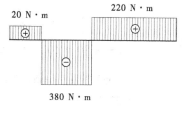

(b) M_x 图

图 4-120

利用叠加法,得: $\varphi_B = \dfrac{1}{GI_\rho}\left[400 \times 0.500 - 600 \times 1.250 + M_B \times 2.500\right]$

将其代入变形协调条件 $\varphi_B = 0$,得

$$M_B = \frac{600 \times 1.250 - 400 \times 0.500}{2.500} = 220(\text{N} \cdot \text{m})$$

由此绘该轴的扭矩图如图 4-120 所示。

(2)由扭转强度条件求 d。

由扭矩图易见

$$|M_{x,\max}| = 380 \text{ N} \cdot \text{m}$$

将其代入扭转强度条件

$$\tau_{\max} = \frac{|M_{x,\max}|}{W_\rho} = \frac{16|M_{x,\max}|}{\pi d^3} \leqslant [\tau]$$

由此得

$$d \geqslant \sqrt[3]{\frac{16 \left| M_{x,\max} \right|}{\pi [\tau]}} = \sqrt[3]{\frac{16 \times 380}{\pi \times 40 \times 10^6}} = 0.036\,4\,(\mathrm{m}) = 36.4\,(\mathrm{mm})$$

（3）由扭转刚度条件求 d。

将最大扭矩值代入得

$$\frac{\left| M_{x,\max} \right|}{GI_\rho} = \frac{32 \left| M_{x,\max} \right|}{G\pi d^4} \leqslant [\theta]$$

得：

$$d \geqslant \sqrt[4]{\frac{32 \left| M_{x,\max} \right|}{\pi G[\theta]}} = \sqrt[4]{\frac{32 \times 380}{\pi \times 80 \times 10^9 \times 0.25 \times \dfrac{\pi}{180}}}$$

$$= 0.057\,7\,(\mathrm{m}) = 57.7\,\mathrm{mm}$$

综上可知，该轴的直径 $d \geqslant 57.7\,\mathrm{mm}$。

10.解：（1）计算钢轴和铜管在 B 截面的扭矩。

如图 4-121 所示，在钢轴与刚性平板交接处（即横截面 B），假想将组合轴切开，并设钢轴与铜管的扭矩分别为 M_{xs} 与 M_{xc}，则由平衡方程

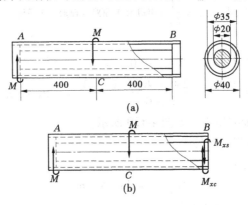

图 4-121

$\sum M_x = 0$ 可知

$$M_{xs} = M_{xc} \tag{a}$$

在横截面 B 处，钢轴与铜管的角位移相同，即

$$\varphi_s = \varphi_c \tag{b}$$

设轴段 AB 的长度为 l，则

$$\varphi_s = \frac{M_{xs}l}{G_sI_{\rho s}}$$

$$\varphi_c = \frac{(M - M_{xc})}{G_cI_{\rho c}}\frac{l}{2} - \frac{M_{xc}}{G_cI_{\rho c}}\frac{l}{2} = \frac{(M - 2M_{xc})l}{2G_cI_{\rho c}}$$

将上述关系式代入式（b），并注意到 $G_s/G_c = 2$，得补充方程为

$$\frac{M_{xs}}{I_{\rho s}} = \frac{(M - 2M_{xc})}{I_{\rho c}} \quad\quad (c)$$

联立求解平衡方程（a）与补充方程（c），于是得

$$M_{xs} = M_{xc} = \frac{I_{\rho s}M}{I_{\rho c} + 2I_{\rho s}} \quad\quad (d)$$

而

$$I_{\rho s} = \frac{\pi \times 0.020^4}{32} = 1.571 \times 10^{-8}(\text{m}^4)$$

$$I_{\rho c} = \frac{\pi \times 0.040^4}{32} \times \left[1 - \left(\frac{0.035}{0.040}\right)^4\right] = 1.040 \times 10^{-7}(\text{m}^4)$$

将相关数据代入式（d），得

$$M_{xs} = M_{xc} = 11.6\ \text{N} \cdot \text{m}$$

（2）强度校核。

对于钢轴

$$\tau_{s,\max} = \frac{M_{xs,\max}}{W_{\rho s}} = \frac{16 \times 11.6}{\pi \times 0.020^3} \times 10^{-6} = 7.38(\text{MPa}) < [\tau_s]$$

对于铜管

$$\tau_{c,\max} = \frac{M_{xc,\max}}{W_{\rho c}} = \frac{16 \times (100 - 11.6)}{\pi \times 0.040^3 \times \left[1 - \left(\frac{0.035}{0.040}\right)^4\right]} \times 10^{-6} = 17.0(\text{MPa}) < [\tau_c]$$

因此，该组合轴的强度满足要求。

11. 解：（1）计算此轴能承受的最大扭力偶矩。

钻成 $d_2 = 38$ mm 内腔的 l_2 段是危险段，进行计算。

$$\tau_{\max} = \frac{M_{x,\max}}{W_\rho} = \frac{M_e}{\frac{\pi D^3}{16}\left[1 - \left(\frac{d_2}{D}\right)^4\right]} \leqslant [\tau]$$

$$M_{e,\max} = \frac{\pi D^3}{16}\Big[1 - \Big(\frac{d_2}{D}\Big)^4\Big]\cdot[\tau]$$

$$= \frac{\pi \times 0.050^3}{16} \times \Big[1 - \Big(\frac{0.038}{0.050}\Big)^4\Big] \times 70 \times 10^6 \times 10^{-3}$$

$$= 1.145\ (\text{kN}\cdot\text{m})$$

（2）当两段轴内的扭转角相等时,计算两段的长度。

由　　$\varphi_1 = \varphi_2$,得$\dfrac{M_{x1}l_1}{GI_{\rho 1}} = \dfrac{M_{x2}l_2}{GI_{\rho 2}}$

即　　　$\dfrac{l_1}{l_2} = \dfrac{I_{\rho 1}}{I_{\rho 2}} = \dfrac{1 - \Big(\dfrac{d_1}{D}\Big)^4}{1 - \Big(\dfrac{d_2}{D}\Big)^4} = \dfrac{1 - \Big(\dfrac{0.025}{0.050}\Big)^4}{1 - \Big(\dfrac{0.038}{0.050}\Big)^4} = 1.407$

又　　$l_1 + l_2 = l = 510\ \text{mm}$　得:$l_1 = 298.1\ \text{mm}$　$l_2 = 211.9\ \text{mm}$

12.解:（1）计算截面几何性质。

由图 4-122 可得

$$y_C = \frac{0.100 \times 0.020 \times 0.010 + 0.080 \times 0.020 \times 0.060}{0.100 \times 0.020 + 0.080 \times 0.020} = 0.032\,22(\text{m})$$

$$I_z = \frac{0.100 \times 0.020^3}{12} + 0.100 \times 0.020 \times 0.022\,22^2 + \frac{0.020 \times 0.080^3}{12} +$$

$$0.020 \times 0.080 \times (0.060 - 0.032\,22)^2 = 3.142 \times 10^{-6}(\text{m}^4)$$

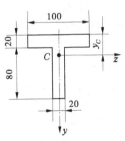

图 4-122

（2）确定危险面的弯矩值。

分析可知,可能的危险截面及相应弯矩如下:

当 F 作用在 AB 段时，$\eta = \dfrac{l}{2}$，$M_{\max}^{+} = \dfrac{Fl}{4}$

当 F 作用在 BC 段时，$\eta = \dfrac{3l}{2}$，$|M_{\max}^{-}| = \dfrac{Fl}{2}$

（3）确定载荷的许用值。

由 $|M_{\max}^{-}|$ 截面（危险面 B ）的压应力强度要求

$$\sigma_{c,\max} = \frac{|M_{\max}^{-}|}{I_z}(0.100 - y_C) = \frac{Fl}{2I_z}(0.100 - y_C) \leqslant [\sigma_c]$$

得
$$F \leqslant \frac{2I_z[\sigma_c]}{l(0.100 - y_C)}$$

$$= \frac{2 \times 3.142 \times 10^{-6} \times 140 \times 10^6}{1.000 \times (0.100 - 0.032\,22)} \times 10^{-3}$$

$$= 12.98\,(\text{kN})$$

由 $|M_{\max}^{-}|$ 截面（危险面 B ）的拉应力强度要求

$$\sigma_{t,\max} = \frac{|M_{\max}^{-}|}{I_z}y_C = \frac{Fl}{2I_z}y_C \leqslant [\sigma_t]$$

得
$$F \leqslant \frac{2I_z[\sigma_t]}{ly_C} = \frac{2 \times 3.142 \times 10^{-6} \times 35 \times 10^6}{1.000 \times 0.032\,22} \times 10^{-3}$$

$$= 6.83(\text{kN})$$

由 $M_{\max}^{+}$ 截面（AB 中点）的拉应力强度要求

$$\sigma_{t,\max} = \frac{M_{\max}^{+}}{I_z}(0.100 - y_C) = \frac{Fl}{4I_z}(0.100 - y_C) \leqslant [\sigma_t]$$

得
$$F \leqslant \frac{4I_z[\sigma_t]}{l(0.100 - y_C)}$$

$$= \frac{4 \times 3.142 \times 10^{-6} \times 35 \times 10^6}{1.000 \times (0.100 - 0.032\,22)} \times 10^{-3}$$

$$= 6.49(\text{kN})$$

该面上的最大压应力作用点并不危险，无需考虑。

比较上述计算结果，得载荷的许用值为：$[F] = 6.49$ kN。

13. 解：(1)计算最大弯矩。

左段梁最大弯矩的绝对值为：$|M_1|_{\max} = \dfrac{ql^2}{2}$

右段梁最大弯矩的绝对值为：$|M_2|_{\max} = \dfrac{ql_1^2}{2}$

(2)计算截面高度 h_1 和 h_2。

由支座处截面弯曲正应力强度要求

$$\sigma_{1\max} = \frac{|M_1|_{\max}}{W_{z1}} = \frac{6ql^2}{2bh_1^2} \leqslant [\sigma]$$

得　　　　　　　$$h_1 \geqslant \sqrt{\frac{3ql^2}{b[\sigma]}} = l\sqrt{\frac{3q}{b[\sigma]}} \qquad (a)$$

由右段梁危险截面的弯曲正应力强度要求

$$\sigma_{2\max} = \frac{|M_2|_{\max}}{W_{z2}} = \frac{6ql_1^2}{2bh_2^2} \leqslant [\sigma]$$

得　　　　　　　$$h_2 \geqslant l_1\sqrt{\frac{3q}{b[\sigma]}} \qquad (b)$$

(3)确定 l_1。

梁的总体积为

$$V = V_1 + V_2 = bh_1(l - l_1) + bh_2l_1 = b\sqrt{\frac{3q}{b[\sigma]}}[l(l - l_1) + l_1^2]$$

由　　　　　$\dfrac{\mathrm{d}V}{\mathrm{d}l_1} = 0, 2l_1 - l = 0$

得　　　　　　　$$l_1 = \frac{l}{2} \qquad (c)$$

最后,将式(c)代入式(b),得：$h_2 \geqslant \dfrac{l}{2}\sqrt{\dfrac{3q}{b[\sigma]}}$

为使该梁重量最轻(也就是 V 最小),取：$l_1 = \dfrac{l}{2}$, $h_1 = 2h_2 =$

$l\sqrt{\dfrac{3q}{b[\sigma]}}$

14. 解:(1)计算组合截面的 I_z 和 S_z。

查表得 50b 工字钢的有关数据为

$h = 500 \text{ mm}, A = 129.304 \text{ cm}^2, I_{z_1} = 48\,600 \text{ cm}^4$

由此得组合截面的惯性矩与单个工字钢的静矩分别为

$$I_z = 2I_{z_1} + 2\left(\frac{Ah^2}{4}\right) = 2 \times 4.86 \times 10^{-4} + \frac{1}{2} \times 1.293\,04 \times 10^{-2} \times 0.500^2$$

$$= 2.588\,3 \times 10^{-3} (\text{m}^4)$$

$$S_z = A \cdot \frac{h}{2} = \frac{1}{2} \times 1.293\,04 \times 10^{-2} \times 0.500 = 3.232\,6 \times 10^{-3} (\text{m}^3)$$

(2)确定许用载荷。

$$M_{\text{max}} = \frac{ql^2}{8}$$

$$\sigma_{\text{max}} = \frac{M_{\text{max}}h}{I_z} = \frac{ql^2 h}{8I_z} \leqslant [\sigma]$$

由此得许用载荷为

$$[q] = \frac{8I_z[\sigma]}{l^2 h} = \frac{8 \times 2.588\,3 \times 10^{-3} \times 160 \times 10^6}{11.5^2 \times 0.500} = 5.01 \times 10^4 (\text{N/m})$$

(3)计算铆钉间距。

由铆钉的剪应力强度要求来计算 e。

最大剪力为

$$Q_{\text{max}} = \frac{1}{2}ql = \frac{1}{2} \times 5.01 \times 10^4 \times 11.5 \times 10^{-3} = 288.1 (\text{kN})$$

按最大剪力计算两工字钢交界面上单位长度上的剪力(剪流 $\bar{q}$),其值为

$$\bar{q} = \frac{Q_{\text{max}}S_z}{I_z} = \frac{288.1 \times 10^3 \times 3.232\,6 \times 10^{-3}}{2.588\,3 \times 10^{-3}} = 3.598 \times 10^5 (\text{N/m})$$

间距长度内的剪力为 $\bar{q}e$,它实际上是靠一对铆钉的受剪面来承担的,即

$$\bar{q}e = 2[\tau]A_1 = 2[\tau]\frac{\pi d^2}{4} = \frac{\pi d^2[\tau]}{2}$$

由此得梁长方向铆钉的间距为

$$e = \frac{\pi d^2 [\tau]}{2\bar{q}} = \frac{\pi \times 0.023^2 \times 90 \times 10^6}{2 \times 3.598 \times 10^5} = 0.208(\text{m})$$

15. 解：(1)横梁外力分析。

横梁受力如图 4-123(a)所示,由平衡方程 $\sum m_A = 0$, $\sum F_x = 0$ 和 $\sum F_y = 0$ 可得

$$F_B = 30.9 \text{ kN}(\uparrow), F_{Ax} = 21.82 \text{ kN}(\leftarrow), F_{Ay} = 9.82 \text{ kN}(\downarrow)$$

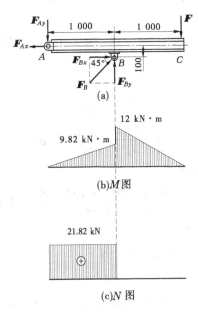

图 4-123

(2)横梁内力分析。

将 F_B 分解为 F_{Bx} 和 F_{By},并将 F_{Bx} 平移至梁轴线,由此即可画横梁的 M 图和 N 图分别如图 4-123(b)和(c)所示。

(3)横梁强度校核。

由内力图可知,危险面可能是横截面 $B_{左}$ 或 $B_{右}$。

对于 $B_{左}$ 面,其最大正应力为

$$\sigma_{\max 1} = \frac{N_{B左}}{A} + \frac{M_{B左}}{W_z} \tag{a}$$

查表得,14 号工字钢的 $A = 21.516$ cm^2,$W_z = 102$ cm^3,代入式(a),可得

$$\sigma_{max1} = \frac{21.82 \times 10^3}{21.516 \times 10^{-4}} + \frac{9.82 \times 10^3}{102 \times 10^{-6}} = 106.4 \times 10^6 (Pa) = 106.4 \text{ MPa}$$

对于 $B_右$ 面,其最大弯曲正应力为

$$\sigma_{max2} = \frac{M_{B右}}{W_z} = \frac{12 \times 10^3}{102 \times 10^{-6}} = 117.6 \times 10^6 (Pa) = 117.6 \text{ MPa}$$

比较可知,最大正应力发生在 $B_右$ 截面上、下边缘处,其值为:

$$\sigma_{max} = 117.6 \text{ MPa} < [\sigma] = 160 \text{ MPa}$$

可见,横梁的强度是足够的。

16. 解:(1)矩形截面。

危险截面在悬臂梁支座处,危险点为截面右上角点(拉应力)和左下角点(压应力)。

根据弯曲正应力强度条件,要求

$$\sigma_{max} = \frac{F_2 l}{W_z} + \frac{F_1(2l)}{W_y} = \frac{6F_2 l}{bh^2} + \frac{6 \times (2F_1 l)}{hb^2} = \frac{3l}{2b^3}(F_2 + 4F_1) \leqslant [\sigma]$$

由此得

$$b \geqslant \sqrt[3]{\frac{3l(F_2 + 4F_1)}{2[\sigma]}} = \sqrt[3]{\frac{3 \times 1.000 \times (1.6 \times 10^3 + 4 \times 800)}{2 \times 160 \times 10^6}}$$

$$= 0.035\ 6(m) = 35.6 \text{ mm}$$

于是得

$$h = 2b \geqslant 71.2 \text{ mm}$$

(2)圆形截面。

危险截面的总弯矩为

$$M_{max} = \sqrt{M_y^2 + M_z^2} = \sqrt{(2F_1 l)^2 + (F_2 l)^2}$$

根据弯曲正应力强度条件,要求

$$\sigma_{max} = \frac{32M_{max}}{\pi d^3} \leqslant [\sigma]$$

于是得

$$d \geqslant \sqrt[3]{\frac{32M_{max}}{\pi[\sigma]}} = \sqrt[3]{\frac{32 \times \sqrt{(2 \times 800 \times 1)^2 + (1.6 \times 10^3 \times 1)^2}}{\pi \times 160 \times 10^6}}$$

$$= 0.052\ 4(\text{m}) = 52.4\ \text{mm}$$

17. 解：(1)计算 a 点的主应力。

$$I_z = \sum \frac{1}{12}bh^3 = \frac{1}{12} \times 120 \times 220^3 - \frac{1}{12} \times 110 \times 200^3$$

$$= 33\ 146\ 666.7(\text{mm}^4)$$

$$W_z = \frac{I_z}{y_{\max}} = \frac{33\ 146\ 666.7}{110} = 301\ 333.333\ 6(\text{mm}^3)$$

$$\sigma_a = \frac{M}{W_z} = \frac{160 \times 0.4 \times 10^6}{301\ 333.333\ 6} = 212.390(\text{MPa})$$

因 a 点处于单向拉伸状态，故 $\sigma_1 = \sigma_a = 212.390\ \text{MPa}$ ，$\sigma_2 = \sigma_3 = 0$。

(2)计算 b 点的主应力。

$$\sigma_b = \frac{My}{I_z} = \frac{160 \times 0.4 \times 10^6 \times 100}{33\ 146\ 666.7} = 193.081(\text{MPa})$$

在 m—m 的左邻截面上，$Q = 160\ \text{kN}$

$$\tau_b = \frac{QS_z^*}{I_z d} = \frac{160 \times 10^3 \times 120 \times 10 \times 105}{33\ 146\ 666.7 \times 10} = 60.821(\text{MPa})$$

即应力分量为：$\sigma_x = 193.081\ \text{MPa}$　$\sigma_y = 0$　$\tau_x = 60.821\ \text{MPa}$

$$\sigma_1 = \frac{\sigma_x + \sigma_y}{2} + \frac{1}{2}\sqrt{(\sigma_x - \sigma_y)^2 + 4\tau_x^2}$$

$$= \frac{193.081}{2} + \frac{1}{2} \times \sqrt{193.081^2 + 4 \times 60.821^2} = 210.64(\text{MPa})$$

$$\sigma_2 = 0$$

$$\sigma_3 = \frac{\sigma_x + \sigma_y}{2} - \frac{1}{2}\sqrt{(\sigma_x - \sigma_y)^2 + 4\tau_x^2}$$

$$= \frac{193.081}{2} - \frac{1}{2} \times \sqrt{193.081^2 + 4 \times 60.821^2} = -17.56(\text{MPa})$$

(3)计算 c 点的主应力。

$$\sigma_c = 0$$

$$\tau_c = \frac{QS_z^*}{I_z d} = \frac{160 \times 10^3 \times (120 \times 10 \times 105 + 10 \times 100 \times 50)}{33\ 146\ 666.7 \times 10}$$

$$= 84.956(\text{MPa})$$

即应力分量为：$\sigma_x = 0$　$\sigma_y = 0$　$\tau_x = 84.956\ \text{MPa}$

$$\sigma_1 = \frac{\sigma_x + \sigma_y}{2} + \frac{1}{2}\sqrt{(\sigma_x - \sigma_y)^2 + 4\tau_x^2}$$

$$= \frac{1}{2} \times \sqrt{4 \times 84.956^2} = 84.956(\text{MPa})$$

$$\sigma_2 = 0$$

$$\sigma_3 = \frac{\sigma_x + \sigma_y}{2} - \frac{1}{2}\sqrt{(\sigma_x - \sigma_y)^2 + 4\tau_x^2}$$

$$= -\frac{1}{2}\sqrt{4 \times 84.956^2} = -84.956\ (\text{MPa})$$

18. (a)**解**:此为三次超静定梁,可根据反对称条件解题,在 M_e 作用的反对称面 B 处假想将梁切开, M_e 左右面各分一半,另有反对称内力 Q_B 存在,如图 4-124 所示。

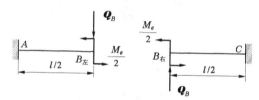

图 4-124

由反对称条件可知,截面 B 的挠度为零,即变形协调条件为

$$y_{B左} = y_{B右} = 0 \tag{a}$$

取左半梁段 AB,写物理关系为

$$y_{B左} = \frac{1}{2EI}\left(\frac{M_e}{2}\right)\left(\frac{l}{2}\right)^2 - \frac{Q_B}{3EI}\left(\frac{l}{2}\right)^3 \tag{b}$$

将式(b)代入式(a),得

$$Q_B = \frac{3M_e}{2l}(\downarrow)$$

据此可求得支反力为

$$F_{Ay} = \frac{3M_e}{2l}(\uparrow), F_{Cy} = \frac{3M_e}{2l}(\downarrow)$$

$$M_A = \frac{M_e}{4}(\curvearrowleft), M_C = \frac{M_e}{4}(\curvearrowleft)$$

（b）**解**：此为二次超静定梁，在梁间铰 B 处解除多余约束，得该超静定梁的相当系统，如图 4-125 所示。

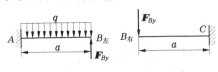

图 4-125

变形协调条件为

$$y_{B左} = y_{B右} \tag{c}$$

物理关系为

$$y_{B左} = \frac{qa^4}{8EI} - \frac{F_{By}a^3}{3EI}, y_{B右} = \frac{F_{By}a^3}{3EI} \tag{d}$$

将式（d）代入式（c），得

$$F_{By} = \frac{3qa}{16}$$

由相当系统的平衡条件最后求得支反力为

$$F_{Ay} = \frac{13qa}{16}(\uparrow), F_{Cy} = \frac{3qa}{16}(\uparrow)$$

$$M_A = \frac{5qa^2}{16}(\curvearrowleft), M_C = \frac{3qa^2}{16}(\curvearrowright)$$

19.解：（1）计算 F 和 m_e 在 k 点处产生的正应力和剪应力。

$$\sigma = \frac{F}{A} = \frac{4F}{\pi d^2}$$

$$\tau = \tau_{max} = \frac{T}{W_\rho} = \frac{16T}{\pi d^3} = -\frac{16m_e}{\pi d^3} = -\frac{16}{\pi d^3} \cdot \frac{Fd}{10} = -\frac{8F}{5\pi d^2}$$

（2）计算荷载 F 和 m_e。

应力分量为

$$\sigma_x = \frac{4F}{\pi d^2} \quad \sigma_y = 0 \quad \tau_x = -\frac{8F}{5\pi d^2}$$

则

$$\sigma_{30°} = \frac{\sigma_x + \sigma_y}{2} + \frac{\sigma_x - \sigma_y}{2}\cos2\alpha - \tau_x\sin2\alpha$$

$$= \frac{2F}{\pi d^2} + \frac{2F}{\pi d^2}\cos60° + \frac{8F}{5\pi d^2}\sin60°$$

$$= \frac{(15 + 4\sqrt{3})F}{5\pi d^2} = 13.967 \times 10^{-3}F$$

$$\sigma_{-60°} = \frac{\sigma_x + \sigma_y}{2} + \frac{\sigma_x - \sigma_y}{2}\cos2\alpha - \tau_x\sin2\alpha$$

$$= \frac{2F}{\pi d^2} + \frac{2F}{\pi d^2}\cos(-120°) + \frac{8F}{5\pi d^2}\sin(-120°)$$

$$= \frac{(5 - 4\sqrt{3})F}{5\pi d^2} = -1.228 \times 10^{-3}F$$

由广义虎克定律：$\varepsilon_{30°} = \frac{1}{E}(\sigma_{30°} - \nu\sigma_{-60°})$

F 以 N 为单位，d 以 mm 为单位，应力以 MPa 为单位，即

$$14.33 \times 10^{-5} = \frac{1}{200 \times 10^3} \times (13.967 \times 10^{-3}F + 0.3 \times 1.228 \times 10^{-3}F)$$

得

$$F = 1999 \text{ N}$$

$$m_e = \frac{1}{10}Fd = \frac{1}{10} \times 1999 \times 10 = 1999 \text{ (N · mm)} = 1.999 \text{ N · m}$$

（3）按第四强度理论校核杆件的强度。

$$\tau_x = -\frac{8F}{5\pi d^2} = -\frac{8 \times 1999}{5 \times 3.14 \times 10^2} = -10.186\text{(MPa)}$$

$$\sigma_x = \frac{4F}{\pi d^2} = \frac{4 \times 1999}{3.14 \times 10^2} = 25.465\text{(MPa)}$$

$$\sigma_1 = \frac{\sigma_x + \sigma_y}{2} + \frac{1}{2}\sqrt{(\sigma_x - \sigma_y)^2 + 4\tau_x^2}$$

$$= \frac{25.465}{2} + \frac{1}{2} \times \sqrt{25.465^2 + 4 \times (-10.186)^2}$$

$$= 29.038\text{(MPa)}$$

$$\sigma_2 = 0$$

$$\sigma_3 = \frac{\sigma_x + \sigma_y}{2} - \frac{1}{2}\sqrt{(\sigma_x - \sigma_y)^2 + 4\tau_x^{~2}}$$

$$= \frac{25.465}{2} - \frac{1}{2} \times \sqrt{25.465^2 + 4 \times (-10.186)^2}$$

$$= -3.573(\mathrm{MPa})$$

$$\sqrt{\frac{1}{2}\left[(\sigma_1 - \sigma_2)^2 + (\sigma_2 - \sigma_3)^2 + (\sigma_3 - \sigma_1)^2\right]}$$

$$= \sqrt{\frac{1}{2} \times \left[(29.038 - 0)^2 + (0 + 3.573)^2 + (-3.573 - 29.038)^2\right]}$$

$$= 30.979(\mathrm{MPa}) < [\sigma] = 160\ \mathrm{MPa}$$

符合第四强度理论所提出的强度条件,即杆件安全。

20. 解:(1)计算薄壁圆筒内壁处某一点产生的应力。

在内压力作用下,任一点产生的应力为

$$\sigma_\theta = \sigma_x = \frac{pD}{2\delta} = \frac{5 \times 100}{2 \times 10} = 25(\mathrm{MPa})\ (环向)$$

$$\sigma_y' = \frac{pD}{4\delta} = \frac{5 \times 100}{4 \times 10} = 12.5(\mathrm{MPa})\ (轴向)$$

但薄壁圆筒除在内压力作用下产生 σ_y' 外,又在轴向压力作用下产生压应力

$$\sigma_y'' = -\frac{F}{A} = -\frac{100 \times 10^3}{\frac{\pi}{4} \times (120^2 - 100^2)} = -28.9(\mathrm{MPa})$$

在内压力与轴向压力共同作用下,薄壁圆筒内壁处某一点产生的应力

$$\sigma_1 = 25\ \mathrm{MPa}$$

$$\sigma_2 = p = -5\ \mathrm{MPa}$$

$$\sigma_3 = \sigma_y' + \sigma_y'' = 12.5 - 28.9 = -16.4(\mathrm{MPa})$$

(2)用第二强度理论校核强度。

$$\sigma_1 - \nu(\sigma_2 + \sigma_3) = 25 - 0.25 \times (-5 - 16.4)$$

$$= 30.4(\mathrm{MPa}) < [\sigma_t] = 40\ \mathrm{MPa}$$

故该薄壁容器满足强度要求。

21. 解: (1)计算主应力大小及方向。

应力分量为:$\sigma_x = 70$ MPa　$\sigma_y = 14$ MPa　$\tau_x = 21$ MPa

$$\sigma_{1,2} = \frac{70+14}{2} \pm \sqrt{\left(\frac{70-14}{2}\right)^2 + 21^2} = \begin{cases} 77(\text{MPa}) \\ 7(\text{MPa}) \end{cases}$$

$$\tan 2\alpha_0 = -\frac{2 \times 21}{70 - 14} = -0.75$$

$$\alpha_0 = -18.43° \qquad \alpha_0 + 90° = 71.57°$$

(2)计算主应变。

$$\varepsilon_1 = \frac{1}{E}(\sigma_1 - \nu\sigma_2) = \frac{1}{206 \times 10^3} \times (77 - 0.28 \times 7) = 0.364 \times 10^{-3}$$

$$\varepsilon_2 = \frac{1}{E}(\sigma_2 - \nu\sigma_1) = \frac{1}{206 \times 10^3} \times (7 - 0.28 \times 77) = -0.070\,68 \times 10^{-3}$$

(3)计算所画圆变形后的尺寸。

所画的圆变成椭圆,其中:

$$d_1 = d + d\varepsilon_1 = 300 \times (1 + 0.364 \times 10^{-3}) = 300.109(\text{mm})(长轴)$$

$$d_2 = d + d\varepsilon_2 = 300 \times (1 - 0.070\,68 \times 10^{-3}) = 299.979(\text{mm})(短轴)$$

22. 解: (1)计算皮带拉力及合力。

$$m_x = 9.55\frac{P}{n} = 9.55 \times \frac{7.36}{100} = 0.703\ (\text{kN} \cdot \text{m})$$

$$(T_1 - T_2)\frac{D}{2} = M_n$$

$$T_1 = T_2 + \frac{2M_n}{D} = 1.5 + \frac{2 \times 0.703}{0.6} = 3.843(\text{kN})$$

(2)计算扭矩和弯矩。

$$M_x = m_x = 0.703\ \text{kN} \cdot \text{m}$$

$$M_B = (T_1 + T_2) \times 0.25 = 5.343 \times 0.25 = 1.336(\text{kN} \cdot \text{m})$$

$$M_D = \sqrt{\left(\frac{5.343 \times 0.4 \times 0.8}{1.2}\right)^2 + \left(1.336 \times \frac{0.4}{1.2}\right)^2}$$

$$= \sqrt{1.425^2 + 0.445^2} = 1.493(\text{kN} \cdot \text{m})$$

(3)根据第三强度理论选择轴的直径。

$$W_z \geqslant \frac{\sqrt{M_D^2 + M_n^2}}{[\sigma]} = \frac{\sqrt{(1.493^2 + 0.703^2) \times 10^6}}{80 \times 10^6}$$

$$= 20.63 \times 10^{-6}(\mathrm{m}^3) = 20.63 \ \mathrm{cm}^3$$

$$d \geqslant \sqrt[3]{\frac{32 W_z}{\pi}} = \sqrt[3]{\frac{32 \times 20.63}{\pi}} = 5.95(\mathrm{cm})$$

23. 解:(1)计算 A 截面的扭矩和弯矩。

A 截面受弯扭组合变形,即:

$$M_x = -3.2 \times 0.14 = -0.448 \ (\mathrm{kN \cdot m})$$

$$M = -3.2 \times 0.09 = -0.288(\mathrm{kN \cdot m})$$

(2)计算 A 点单元体的应力分量。

$$\sigma_A = \frac{M}{W_z} = \frac{32M}{\pi d^3} = \frac{32 \times 0.288 \times 10^6}{3.14 \times 50^3} = 23.480(\mathrm{MPa})$$

$$\tau_A = \frac{M_x}{W_\rho} = \frac{-0.448 \times 10^6}{\frac{1}{16} \times 3.14 \times 50^3} = -18.262(\mathrm{MPa})$$

A 点处应力状态的单元体如图 4-126 所示。应力分量为:

$$\sigma_x = 23.48 \ \mathrm{MPa} \quad \sigma_y = \sigma_z = 0 \quad \tau_x = -18.262 \ \mathrm{MPa} \quad \tau_y = 0$$

$$\tau_z = 18.262 \ \mathrm{MPa}$$

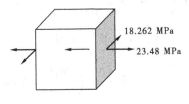

18.262 MPa

23.48 MPa

图 4-126

(3)计算 A 点最大主应力。

$$\sigma_{\max} = \frac{\sigma_x + \sigma_z}{2} + \sqrt{\left(\frac{\sigma_x - \sigma_z}{2}\right)^2 + \tau_x^{\ 2}}$$

$$= \frac{23.48}{2} + \sqrt{\left(\frac{23.48}{2}\right)^2 + (-18.262)^2} = 33.45(\mathrm{MPa})$$

$$\sigma_{\min} = \frac{\sigma_x + \sigma_z}{2} - \sqrt{\left(\frac{\sigma_x - \sigma_z}{2}\right)^2 + \tau_x{}^2}$$

$$= \frac{23.48}{2} - \sqrt{\left(\frac{23.48}{2}\right)^2 + (-18.262)^2} = -9.97(\text{MPa})$$

故 $\sigma_1 = 33.45$ MPa，$\sigma_2 = 0$，$\sigma_3 = -9.97$ MPa

（4）计算 A 点最大剪应力。

$$\tau_{\max} = \frac{\sigma_1 - \sigma_3}{2} = \frac{33.45 - (-9.97)}{2} = 21.71(\text{MPa})$$

24. 解：（1）内力分析。

如图 4-127 所示，轴向拉伸使横截面有轴力 N，而圆轴发生上下弯曲才会产生前后纵向对称面的 M_y，圆轴发生扭转变形才会产生力偶作用面与横截面平行的扭矩 M_x，故此圆轴发生拉弯扭组合变形。

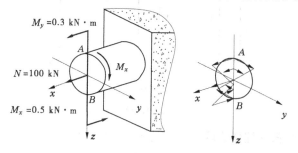

图 4-127

（2）应力分析。

M_y 使圆轴上下弯曲，A、B 两点分别拥有最大的拉、压弯曲正应力；M_x 使圆轴横截面上距圆心最远的圆周上各点具有最大的扭转剪应力；圆轴横截面上各点具有大小相同的拉应力，故 A 点是拉弯扭组合变形的强度理论危险点。

$$\sigma_A = \frac{N}{A} + \frac{M_y}{W_y} = \frac{100 \times 10^3}{\dfrac{\pi}{4} \times 0.04^2} + \frac{0.3 \times 10^3}{\dfrac{\pi}{32} \times 0.04^3}$$

$$= 127.39 \times 10^6(\text{Pa}) = 127.39 \text{ MPa}$$

$$\tau_A = \frac{M_x}{W_\rho} = \frac{0.5 \times 10^3}{\dfrac{\pi}{16} \times 0.04^3} = 39.81 \times 10^6 (\text{Pa}) = 39.81 \text{ MPa}$$

（3）按第四强度理论校核轴的强度。

$$\sqrt{\sigma_A^2 + 3\tau_A^2} = \sqrt{127.39^2 + 3 \times 39.81^2} = 144.85(\text{MPa}) \leqslant [\sigma] = 150 \text{ MPa}$$

故轴的强度满足要求。

25. 解：在总压力 F 作用下，立柱微弯时可能有下列三种情况，如图 4-128 所示。

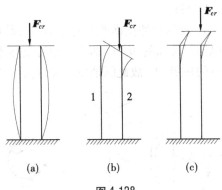

图 4-128

（1）每根立柱作为两端固定的压杆分别失稳。

$$\mu = 0.5$$

$$F_{cr(a)} = 2 \times \frac{\pi^2 EI}{(0.5l)^2} = \frac{\pi^2 EI}{0.125l^2} = \frac{\pi^3 E d^4}{8l^2}$$

（2）两根立柱一起作为下端固定而上端自由的体系在自身平面内失稳。

$$\mu = 2$$

失稳时整体在面内弯曲，则 1，2 两杆组成一组合截面。

$$I = 2\left[\frac{\pi d^4}{64} + \frac{\pi d^2}{4} \times \left(\frac{a}{2} + \frac{d}{2}\right)^2\right] = \frac{\pi d^4}{32} + \frac{\pi d^2}{8}(a + d)^2$$

$$= \frac{\pi d^2}{32}[d^2 + 4(a + d)^2]$$

$$F_{cr(b)} = \frac{\pi^2 EI}{(2l)^2} = \frac{\pi^3 Ed^2}{128l^2}[d^2 + 4(a+d)^2]$$

（3）两根立柱一起作为下端固定而上端自由的体系在面外失稳。

$$\mu = 2$$

$$F_{cr(c)} = \frac{\pi^2 E \times 2 \times \dfrac{\pi d^4}{64}}{(2l)^2} = \frac{\pi^3 Ed^4}{128l^2}$$

故在面外失稳时 F_{cr} 最小：$F_{cr} = \dfrac{\pi^3 Ed^4}{128l^2}$。

26.解：要使设计合理,必使 AB 杆与 BC 杆同时失稳,即：

$$F_{cr,AB} = \frac{\pi^2 EI}{l_{AB}^2} = F\cos\theta$$

$$F_{cr,BC} = \frac{\pi^2 EI}{l_{BC}^2} = F\sin\theta$$

$$\frac{F\sin\theta}{F\cos\theta} = \tan\theta = \left(\frac{l_{AB}}{l_{BC}}\right)^2 = \cot^2\beta$$

$$\theta = \arctan(\cot^2\beta)$$

27.解：（1）计算 BC 段所能承受的许可压力。

BC 段为两端铰支,$\mu = 1$。

$$I = \frac{\pi d^4}{64} = \frac{1}{64} \times 3.14 \times 80^4 = 2\,009\,600(\mathrm{mm}^4)$$

$$F_{cr,BC} = \frac{\pi^2 EI}{(\mu l)^2} = \frac{3.14^2 \times 210 \times 10^3 \times 2\,009\,600}{(1 \times 2\,000)^2} \times 10^{-3} = 1\,040.227(\mathrm{kN})$$

$$[F]_{BC} = \frac{F_{cr,BC}}{n_{st}} = \frac{1\,040.227}{2.5} = 416(\mathrm{kN})$$

（2）计算 AC 段所能承受的许可压力。

AC 杆为一端固定,一端铰支,$\mu = 0.7$。

$$I = \frac{a^4}{12} = \frac{1}{12} \times 70^4 = 2\,000\,833(\mathrm{mm}^4)$$

$$F_{cr,AC} = \frac{\pi^2 EI}{(\mu l)^2} = \frac{3.14^2 \times 210 \times 10^3 \times 2\,000\,833}{(0.7 \times 3\,000)^2} \times 10^{-3} = 939.4(\mathrm{kN})$$

$$[F]_{AC} = \frac{F_{cr,AC}}{n_{st}} = \frac{939.4}{2.5} - 376(\mathrm{kN})$$

综上可知,该结构所能承受的许可压力为:$[F] = 376$ kN。

28. 解:(1)计算杆 CD 和梁 BC 的内力。

杆 CD 受压力:$N_{CD} = \dfrac{F}{3}$。

梁 BC 中最大弯矩:$M_B = \dfrac{2F}{3}$。

(2)考虑梁 BC 计算所能承受的许可荷载。

$$\sigma = \frac{M_B}{W_z} = \frac{2F \times 6}{3 \times bh^2} = \frac{4F}{bh^2} \leqslant \frac{\sigma_s}{n}$$

则

$$F \leqslant \frac{\sigma_s bh^2}{4n} = \frac{235 \times 10^6 \times 100 \times 180^2 \times 10^{-9}}{4 \times 2.0} \times 10^{-3} = 95.2(\text{kN})$$

(3)考虑杆 CD 计算所能承受的许可荷载。

$$\lambda = \frac{\mu l}{i} = \frac{1 \times 1}{\dfrac{20}{4} \times 10^{-3}} = 200 > \lambda_p (\text{Q235 钢的 } \lambda_p = 100)$$

$$F_{cr} = \frac{\pi^2 EI}{l^2} = \frac{\pi^2 E \cdot \pi d^4}{l^2 \times 64} = \frac{\pi^3 \times 200 \times 10^9 \times 20^4 \times 10^{-12}}{64 \times 1^2} \times 10^{-3}$$

$$= 15.5 \text{ kN}$$

$$N_{CD} = \frac{F}{3} \leqslant \frac{F_{cr}}{n_{st}} = \frac{15.5}{3.0}$$

则:
$$F \leqslant 15.5 \text{ kN}$$

综上可知,该结构所能承受的许可荷载为:$[F] = 15.5$ kN。

29. 解:(1)计算 CD 杆轴力。

取 ABC 杆为脱离体,受力如图 4-129(a)所示,列平衡方程。

$$\sum m_A = 0 \to N_{DC} \sin 45° \times 1 - 12 \times 2 = 0 \to N_{DC} = 33.941 \text{ kN}$$

(2)变形分析及内力图绘制。

ABC 杆的 AC 段发生拉弯组合变形,CB 段发生弯曲;CD 杆为轴向压缩杆件。内力图如图 4-129(b)所示。

(3)校核压杆的稳定性。

压杆的柔度为

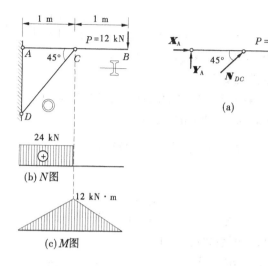

图 4-129

$$\lambda = \frac{\mu l}{i} = \frac{1 \times \sqrt{2}}{\dfrac{0.036}{4} \times \sqrt{1 + \left(\dfrac{26}{36}\right)^2}} = 127.39$$

Q235 钢管,查表计算折减系数为

$$\varphi = 0.466 + \frac{0.401 - 0.466}{130 - 120} \times (127.39 - 120) = 0.418$$

校核压杆的稳定性为

$$\sigma = \frac{N}{A} = \frac{24 \times 10^3}{\dfrac{\pi}{4} \times 0.036^2 \times \left[1 - \left(\dfrac{26}{36}\right)^2\right]} \times 10^{-6}$$

$$= 49.31(\mathrm{MPa}) < \varphi[\sigma] = 0.418 \times 160 = 66.88(\mathrm{MPa})$$

故压杆的稳定性满足要求。

(4)校核梁 *ABC* 的强度。

梁的 *C* 的左截面为拉弯组合变形的危险面,其上距中性轴最远的上边缘点为危险点。

查表可知 14 号工字钢的 $A = 21.516 \ \mathrm{cm}^2$,$W_z = 102 \ \mathrm{cm}^3$。则

$$\sigma_{max} = \frac{N}{A} + \frac{M_{max}}{W_z} = \left(\frac{24 \times 10^3}{21.516 \times 10^{-4}} + \frac{12 \times 10^3}{102 \times 10^{-6}} \right) \times 10^{-6}$$

$$= 128.8(MPa) < [\sigma] = 160 \ MPa$$

故 ABC 梁的强度满足要求。

30. 解:(1)计算最大刚度平面的临界力和临界应力。

如图 4-116(a)所示,截面的惯性矩应为

$$I_y = \frac{12 \times 20^3}{12} = 8\ 000\ (cm^4)$$

惯性半径为

$$i_y = \sqrt{\frac{I_y}{A}} = \sqrt{\frac{8\ 000}{12 \times 20}} = 5.77(cm)$$

两端铰接时,长度系数:$\mu = 1$

其柔度为:$\lambda = \frac{\mu l}{i_y} = \frac{1 \times 700}{5.77} = 121 > \lambda_p = 110$

则

$$F_{cr} = \frac{\pi^2 E I_y}{(\mu l)^2} = \frac{3.14^2 \times 10 \times 10^9 \times 8 \times 10^{-5}}{(1 \times 7)^2} \times 10^{-3}$$

$$= 161(kN)$$

$$\sigma_{cr} = \frac{\pi^2 E}{\lambda^2} = \frac{3.14^2 \times 10 \times 10^3}{121^2} = 6.73(MPa)$$

(2)计算最小刚度平面内的临界力及临界应力。

如图 4-116(b)所示,截面的惯性矩为

$$I_z = \frac{20 \times 12^3}{12} = 2\ 880(cm^4)$$

惯性半径为:

$$i_z = \sqrt{\frac{I_z}{A}} = \sqrt{\frac{2\ 880}{12 \times 20}} = 3.46(cm)$$

两端固定时长度系数:$\mu = 0.5$

其柔度为:$\lambda = \frac{\mu l}{i_z} = \frac{0.5 \times 700}{3.46} = 101 < \lambda_p = 110$

$$\sigma_{cr} = 29.3 - 0.194\lambda = 29.3 - 0.194 \times 101 = 9.7(MPa)$$

$$F_{cr} = \sigma_{cr} A = 9.7 \times 120 \times 200 \times 10^{-3} = 232.8(kN)$$

参考文献

[1] 刘一村,朱宏斌. 高职生积极学习心理探究[J]. 继续教育研究,2013,(1):117-119.

[2] 许晓陆. 高职学生的认知特点与高职教育教学改革的研究[J]. 亚太教育,2016,(34):166.

[3] 马崇武,秦怀泉. 土木工程专业力学课程教学体系的研究[J]. 东莞理工学院学报,2014,(1):91-94.

[4] 邱秀梅,王素华,戴景军. 工科土建类专业力学课程的教法研究[J]. 高等农业教育,2013,(11):80-82.

[5] 奚立平. 静定平面刚架剪力图和弯矩图画法研究[J]. 工程建设与设计,2014,(11):28-30,33.

[6] 段洁利,卢玉华,严慕容,等. 工程力学教学方法的创新探索与实践[J]. 中国现代教育装备,2011,(7):56-57,60.

[7] 赵红军. 建构主义学习理论述评[J]. 中国冶金教育,2014,(6):8-10.

[8] 李舒瑶,赵云翔. 工程力学[M]. 2 版. 郑州:黄河水利出版社,2009.

[9] 顾志荣,吴永生. 材料力学学习方法及解题指导[M]. 2 版. 上海:同济大学出版社,2000.

[10] 单辉祖,谢传锋. 工程力学(静力学与材料力学)[M]. 北京:高等教育出版社,2004.

[11] 孙训方,方孝淑,关来泰. 材料力学[M]. 3 版. 北京:高等教育出版社,1994.

[12] 谢芝馨. 新编工程力学学习指导书[M]. 北京:机械工业出版社,2002.

[13] 范钦珊. 工程力学习题指导(上册、中册)[M]. 北京:中国建筑工业出版社,1980.